Analysis of Unsaturated Flow in Fractured Rock Mass and Engineering Application

裂隙岩体非饱和渗流分析及其工程应用

胡云进　著

ZHEJIANG UNIVERSITY PRESS
浙江大学出版社

图书在版编目(CIP)数据

裂隙岩体非饱和渗流分析及其工程应用 / 胡云进著.
杭州：浙江大学出版社，2009.5
ISBN 978-7-308-06768-3

Ⅰ.裂… Ⅱ.胡… Ⅲ.岩体力学－饱和渗流－研究
Ⅳ.TU45 0357.3

中国版本图书馆 CIP 数据核字(2009)第 073654 号

内容提要

本书系统论述了裂隙岩体非饱和渗流的理论、试验、分析方法及工程应用。全书共 7 章，主要内容包括：裂隙岩体非饱和渗流研究现状综述，地表入渗影响下的岩坡稳定性研究概况介绍，单一裂隙非饱和渗流研究，完整岩石非饱和渗流研究，裂隙岩体非饱和渗流有限元分析，地表入渗影响下的岩坡稳定性研究以及上述研究成果的工程应用等。

本书可供水利水电、铁路、公路、矿山及核废料深埋处置等领域的科研人员和工程技术人员阅读参考，也可供上述领域研究生相关课程的参考教材。

裂隙岩体非饱和渗流分析及其工程应用
胡云进 著

责任编辑 杜希武
封面设计 刘依群
出版发行 浙江大学出版社
(杭州天目山路 148 号 邮政编码 310028)
(网址：http://www.zjupress.com)
排 版 杭州求是图文制作有限公司
印 刷 杭州浙大同力教育彩印有限公司
开 本 787mm×1092mm 1/16
印 张 12.5
字 数 217 千字
版 印 次 2009 年 5 月第 1 版 2009 年 5 月第 1 次印刷
书 号 ISBN 978-7-308-06768-3
定 价 25.00 元

浙江大学出版社发行部邮购电话 (0571)88925591

前 言

裂隙发育的岩体中地下水位以上部分是未被水充满的非饱和带，降雨和地面水体通过该带的下渗都是一个非饱和渗流过程。可以说，在自然界中，裂隙岩体非饱和渗流是普遍、客观存在的。

裂隙发育的天然岩坡和开挖边坡的滑坡多发生在雨季，这已引起国内外工程界的极大关注。虽然已认识到上述滑坡与地表入渗引起的暂态孔隙水压力的升高密切相关，但对这种暂态孔隙水压力的升高区和升高值至今也没有可靠的定量研究成果，故已有的工程设计对升高区和升高值均采用假定值，不是造成浪费就是潜伏着隐患。此外，为评价核废料深埋对地下水环境的污染以及研究地面污染物随下渗水的迁移等都将以裂隙岩体非饱和渗流的研究为基础。

由于裂隙的非饱和水力参数十分难以测量和确定(还没有可靠的直接测定裂隙非饱和水力参数的试验方法)，裂隙岩体的表征单元体(REV)很大甚至有可能不存在(经典的等效连续介质模型有时难以应用)，而裂隙的产状和空间展布又很复杂(离散裂隙网络模型很难应用)，故裂隙岩体非饱和渗流的研究还处于其发展的初期阶段。此外，对地表入渗引发岩坡失稳也缺乏系统定量的研究成果。

总之，裂隙岩体非饱和渗流是裂隙岩体渗流力学中理论较深，研究难度较大但又迫切需要开展的一个应用基础理论的前沿课题。该课题的研究成果可广泛应用于水利、环保、能源、地质等众多的工程领域。故开展裂隙岩体非饱和渗流研究本身就是创新，其研究成果不但具有很高的学术理论价值，而且还可直接服务于国家建设。

本书正是基于裂隙岩体非饱和渗流研究的重要性和迫切性，着重介绍了作者本人在单裂隙非饱和渗流机理、单裂隙非饱和水力参数的测定和确定、有地表入渗的裂隙岩体非饱和渗流分析以及地表入渗影响下的岩坡稳定性分析等方面的研究成果；同时也简要穿插介绍了国内外学者的一些研究成果。希望能为水利水电、铁路、公路、矿山及核废料深埋处置等领域的科研人员和工程技术人员提供参考和帮助。

本书的主要特色成果有：(1)研制了一套可同时测定单裂隙排水和吸水时的毛

细压力～饱和度关系以及非饱和渗透系数～毛细压力关系的实验装置并给出了相应的测定单裂隙非饱和水力参数的试验方法，在该实验装置上做了裂隙概化模型的试验，初步阐明了细、微裂隙非饱和渗流的机理；(2)运用分形几何等理论，考虑水和气的“圈闭”影响，提出了一种更为合理的确定单裂隙非饱和水力参数的数值试验法，该法能模拟出单裂隙排水与吸水过程间客观存在的滞后现象；(3)采用与当前岩体工程勘探水平相适应的等效连续介质理论，建立了有地表入渗的裂隙岩体饱和非饱和渗流的数学模型并研制出了相应的有限元计算程序，由于在非饱和水力参数的确定以及入渗边界的处理等方面比以往方法有所改进，使得模拟结果能更贴近实际；(4)借鉴非饱和土的抗剪强度理论，研制了地表入渗影响下的岩坡稳定性验算程序，该程序考虑了非饱和带基质吸力(即毛细压力)对岩体抗剪强度的贡献、暂态附加水荷载对岩坡稳定的不利作用，使计算结果更贴近实际；(5)应用上述研究成果，首次对大型水电工程的水垫塘岸坡进行了雾化雨入渗定量分析以及雾化雨入渗影响岸坡稳定的定量研究，并提出了保护岸坡安全的具体措施。

本书的研究工作得到国家自然科学基金(50809058,59879004)、高等学校博士学科点专项科研基金(98029408)和水利部水利技术开发基金(97472603)等的资助。在此深表感谢。

本书内容主要是作者本人的研究成果，部分取材于国内外相关文献和专著。限于作者本人水平，书中难免有许多缺点和错误，热诚欢迎读者批评指正。

作　者

2009 年 4 月 8 日于求是园

目　录

第一章　绪　论 ………………………………………………………………… (3)

第一节　裂隙岩体非饱和渗流及其定义 …………………………………… (3)

第二节　裂隙岩体非饱和渗流研究意义 …………………………………… (3)

第三节　裂隙岩体非饱和渗流研究进展 …………………………………… (6)

第四节　地表入渗影响下的岩坡稳定性研究现状 ………………………… (24)

第五节　本书内容结构 ……………………………………………………… (28)

第二章　单一裂隙非饱和渗流研究 ……………………………………… (33)

第一节　概　述 ……………………………………………………………… (33)

第二节　单裂隙非饱和渗流试验研究 ……………………………………… (34)

第三节　物模试验法测定单裂隙非饱和水力参数 ………………………… (59)

第四节　数值试验法确定单裂隙非饱和水力参数 ………………………… (60)

第五节　讨　论 ……………………………………………………………… (71)

第三章　完整岩石非饱和渗流研究 ……………………………………… (75)

第一节　概　述 ……………………………………………………………… (75)

第二节　完整岩石非饱和渗流试验研究 …………………………………… (76)

第三节　完整岩石非饱和水力参数测定 …………………………………… (81)

第四节　讨　论 ……………………………………………………………… (82)

第四章　裂隙岩体非饱和渗流有限元分析 ……………………………… (85)

第一节　概　述 ……………………………………………………………… (85)

第二节　等效连续介质模型的建立 ………………………………………… (86)

第三节　等效连续介质模型有限元计算格式的推导 ……………………… (90)

第四节　等效连续介质模型有限元计算程序的研制 ……………………… (93)

第五节　算例分析 …………………………………………………………… (101)

第六节　离散裂隙网络模型 …………………………………………… (105)
第七节　双重介质模型 ……………………………………………………… (109)
第八节　讨　论 ……………………………………………………………… (112)
第五章　地表入渗影响下的岩坡稳定性研究 …………………………… (117)
第一节　概　述 ……………………………………………………………… (117)
第二节　地表入渗引发岩坡失稳的机制 …………………………………… (118)
第三节　地表入渗影响下的岩坡稳定验算程序的研制 …………………… (119)
第四节　算例分析 …………………………………………………………… (127)
第五节　讨　论 ……………………………………………………………… (133)
第六章　工程应用 …………………………………………………………… (137)
第一节　概　述 ……………………………………………………………… (137)
第二节　小湾电站水垫塘区岸坡降雨入渗分析 …………………………… (138)
第三节　溪洛渡电站水垫塘区岸坡雾化雨入渗分析 ……………………… (142)
第四节　雾化雨入渗对溪洛渡电站水垫塘区岸坡稳定性的影响 ………… (164)
第五节　讨　论
第七章　结论与展望 ………………………………………………………… (170)
第一节　总　结 ……………………………………………………………… (175)
第二节　若干有待深入研究的问题 ………………………………………… (177)
参考文献 ……………………………………………………………………… (178)

第一章

绪论

第一章 绪论

第一节 裂隙岩体非饱和渗流及其定义

天然岩体经构造、风化、卸荷等地质作用后发育有大量的方向各不相同、尺寸各异且相互切割的裂隙,本书称这样的岩体为裂隙岩体。裂隙岩体中地下水位以上部分是未被水充满的非饱和带,通过该带的降雨或泄洪雾化雨以及地面水体的下渗(以下统称地表入渗)都是一个非饱和渗流过程。可以说,在自然界中,裂隙岩体非饱和渗流是普遍、客观存在的。裂隙岩体非饱和渗流就是研究水在非饱和裂隙岩体中的运动规律、仿真分析及其工程应用的一门学科,它是岩体水力学的一个重要分支,涉及水利、环保、能源、地质等众多的工程应用领域。裂隙岩体非饱和渗流与大家所熟悉的土体非饱和渗流有一定的相似性但也存在较大的差异。由于裂隙空间展布的复杂性、裂隙与岩块非饱和渗流特性的明显差异性以及裂隙—岩块间水交换机理的复杂性等,使得裂隙岩体非饱和渗流的室内外试验和野外观测以及理论分析计算均比土体复杂,因此国内外虽对土体非饱和渗流有相当的研究,但对裂隙岩体非饱和渗流的研究还处于其发展的初期阶段,准确地讲,只有二十多年的研究历史。

第二节 裂隙岩体非饱和渗流研究意义

据《中国典型滑坡》一书的记载,裂隙发育的天然岩坡和铁路、公路等的开挖边坡的滑坡以及岩体中地下洞室巷道的塌方多发生在雨季[1],国外也有类似报道[2];高坝泄洪产生的雾化雨入渗也常导致下游岸坡的滑坡[3],这已引起工程界的极大关注。随着岩土力学、土壤水动力学以及岩体水力学的发展,国内外学者已越来越清楚地认识到上述滑坡和塌方与地表入渗引起的裂隙岩体非饱和渗流密切相关[4]。即地表入渗会导致裂隙岩体中地下水位以上的非饱和区孔隙水压力的暂时升高,产生暂态的附加水荷载,这是导致岩坡失稳的最主要因素,另外地表入渗引起裂隙岩体力学强度指标的降低也是岩坡滑坡的重要因素[5,6];而且裂隙发育岩坡的水头场受地表入渗的影响往往比土坡更敏感[7]。然而对这种暂态孔隙水压力的升高区和升高值至今还没有可靠的可资应用的定量研究成果,只是定性地认为它主要取决于裂隙网络的几何特征、裂隙产状、风化程度以及降雨强度和历时。故已有的工程设计对这种暂态孔隙水压力的升高区和升高值均采用假定值[4],不是造成浪费就是潜伏着隐患。而上述暂态附加水荷载是岩坡稳定核算时所必须知道的。因此如何恰当估计岩坡内暂态孔隙水压力的升高区和升高值是预测岩坡滑坡和加固设计的关键,而能否恰当估计岩坡内暂态孔隙水压力的升高区和升高值取决于裂隙岩体地表入渗非饱和渗流场的准确求解。

随着核电等核工业的不断发展,大量核废料亟待处理。目前,许多国家拟采用的方案是把核废料埋于岩体深厚的非饱和带中,如美国拟把第一个高放射性核废料地下深埋区选址于尤卡山(Yucca Mountain),我国把甘肃北山作为核废料处置库的重点预选区。核废料地下处置的一大顾虑是雨水入渗到达处置库后,可能沟通核废料与地下水的水力联系,因此为了评价核废料深埋的安全性以及对地下水环境的污染等都要求对有地表入渗的裂隙岩体非饱和渗流作深入细致地研究[8-12]。如美国 Yucca Mountain 项目以及欧共体 3D 项目的开展都是旨在研究核废料地下储存的安全问题。另外,研究地面污染物(如工业、城市生活垃圾渗滤液等)随下渗水的迁移[13,14],也将以有地表入渗的裂隙岩体非饱和渗流的研究为基础。

此外,预防煤层开采中瓦斯的爆炸[15]、石油二次开采[16]以及地热能开发[17-19]等都将涉及裂隙岩体两(多)相流(非饱和渗流的推广)的研究。

随着西部大开发的深入和南水北调等大型水利工程的上马,越来越多的岩坡和地下洞室将面临地表入渗所引发的滑坡和塌方灾害。近几年的“电荒”以及对今后更长时期内缺电的担忧使得“核电大上马”紧锣密鼓起来,预计我国今后 15 年平均每年要建一座大亚湾核电站,因而核废料深埋处置问题的研究刻不容缓。此外,随着城市化进程的加快和人们对环保问题的重视,越来越多的工业、城市生活垃圾等需要填埋处理。因此裂隙岩体非饱和渗流的研究已逐渐成为地质、水利、环保、能源等工程领域的热点。

由于裂隙与岩块非饱和渗流特性的明显差异性以及裂隙非饱和水力参数十分难以测量和确定,加之裂隙岩体的表征单元体(REV)很大甚至有可能不存在(经典的连续介质模型有时难以应用),而裂隙的产状和空间展布又很复杂,目前尚难以确切全面掌握(裂隙网络模型很难应用),故对裂隙岩体非饱和渗流的室内外试验和野外观测以及理论分析计算均比多孔介质复杂。因此国内外虽对多孔介质非饱和渗流有相当的研究[20-31],但是对裂隙岩体非饱和渗流的研究还处于其发展的初期阶段,准确地说,最近二十多年才起步。对单裂隙非饱和渗流特性及其与本质影响因素间的关系还缺乏统一的认识和理解,对单裂隙非饱和渗流的机理也尚未达成共识,缺乏单裂隙非饱和水力参数的准确确定方法,还没有很完善的裂隙岩体非饱和渗流的分析模型。

综上所述,裂隙岩体非饱和渗流是裂隙岩体水力学中理论较深,研究难度较大但又迫切需要开展的一个应用基础理论的前沿课题。该课题应用广泛,涉及水利、环保、能源、地质等众多的工程应用领域。故开展裂隙岩体非饱和渗流研究不仅具有重大的理论意义,而且还有巨大的实用价值。概括起来说,研究裂隙岩体非饱和渗流具有下述理论意义和实用价值:

(1)通过裂隙非饱和渗流机理和规律的试验研究,可对已有的裂隙岩体非饱和渗流理论进行检验,验证一些假设和简化的合理程度。

(2)由于裂隙岩体非饱和渗流是裂隙岩体渗流中的一个崭新的重要组成部分,故裂隙岩体非饱和渗流的研究成果可丰富和发展裂隙岩体渗流理论,使理论更加完善,更能反映实际。

(3)有地表入渗的裂隙岩体非饱和渗流的研究成果有助于更准确地评价和预测雨季岩质边坡和开挖边坡的稳定性以及泄洪雾化雨对河岸边坡稳定性的影响,从而为边坡的渗控设计提供依据;同时也为人工边坡的合理设计、施工和加固以及滑坡的综合整治提供科学依据。

(4)在核废料深埋处置方面,有地表入渗的裂隙岩体非饱和渗流的研究成果可用于预测核废料对地下水环境的污染,并为核废料安全贮存设计和选址等提供科学依据。

(5)有地表入渗的裂隙岩体非饱和渗流的研究成果可用于研究地面污染物随下渗水的迁移扩散规律,进而为控制地面污染物的迁移和扩散提供依据,从而为大家所关心的地下水污染等环保问题的研究提供方法和分析手段。

(6)裂隙岩体非饱和渗流的研究成果经转化和推广之后,还可应用于预防煤层开采中瓦斯的爆炸、石油二次开采和地热能开发以及超采地下水导致海水入侵等领域的研究。

总之,裂隙岩体非饱和渗流的研究成果不但具有很高的学术理论价值,而且还可直接服务于国家建设。

第三节　裂隙岩体非饱和渗流研究进展

由于水利、环保、能源、地质等工程应用领域的需要，国外已有一些学者相继从20世纪80年代中期开始对裂隙岩体非饱和渗流进行试验和理论研究。近十年来，国内也有学者开始了这方面的研究。目前的工作主要有：① 对单一裂隙非饱和渗流进行试验和理论研究，主要集中在单裂隙非饱和渗流机理的研究以及非饱和水力参数，即毛细压力—饱和度和相对渗透系数—饱和度(或毛细压力)关系的确定(或测定)方面，其中相对渗透系数是指非饱和渗透系数与饱和渗透系数的比值；② 提出各种求解裂隙岩体非饱和渗流的数学模型并进行相应的数值分析，有的还应用于实际工程的研究。

一、单一裂隙非饱和渗流研究

单一裂隙非饱和渗流是裂隙岩体非饱和渗流的基本问题和理论基础。对单一裂隙非饱和渗流的研究主要包括非饱和水力参数的确定和非饱和渗流机理的研究[32]。

(一)单裂隙非饱和水力参数的确定

由于目前对裂隙岩体非饱和渗流的研究一般多借鉴多孔介质非饱和渗流的分析方法，其控制方程相同于(或类似于)多孔介质非饱和渗流的控制方程—Richards方程。因此，在裂隙岩体非饱和渗流研究中，最为关键的是单裂隙毛细压力～饱和度和相对渗透系数～饱和度(或毛细压力)关系的建立。目前建立上述关系有以下三种方法：① 物模试验法，即直接通过单裂隙拟稳态驱替试验和非饱和渗流试验，借用多孔介质拟合模型拟合出经验关系式；② 数值试验法，即通过建立单裂隙概化模型，利用数值模拟法和多孔介质拟合模型拟合出经验关系式；③ 数学推导法，即在某些假设和简化的前提下，根据单裂隙开度分布推导出上述关系式。

1. 物模试验法

野外观察和室内试验发现：天然裂隙壁面是凹凸不平的，两粗糙裂隙面间的空隙空间的开度是逐点变化的[33,34]。天然裂隙空间可概化为二维非均质的多孔介质[35]。而且岩体两粗糙裂隙面的间隙形成的开度分布与多孔介质固体颗粒间形成的喉颈孔隙分布的持水机制有一定的相似性[16,36]。基于上述发现，不少学者认为可通过拟稳态驱替试验，并借用多孔介质的拟合模型来拟合单裂隙毛细压力～饱和度的试验观测数据而得出单裂隙毛细压力～饱和度的经验关系式。

Reitsma 和 Kueper[16]用人工生成的石灰岩裂隙做了水一油互不溶混拟稳态驱替试验。拟合试验观测数据采用下述两个多孔介质水分特征曲线的拟合模型。

Brooks—Corey 模型[37]：

$$P_c = P_d (S_e)^{-\frac{1}{\lambda}} \tag{1-1}$$

式中：P_c 为毛细压力；P_d 为进气值，即油相的起始驱替压力；λ 为反映裂隙开度分布特征的指数；S_e 为水相的有效饱和度，可表示为：

$$S_e = \frac{S_w - S_r}{1 - S_r} \tag{1-2}$$

式中：S_w 为相应于毛细压力 P_c 的水相饱和度；S_r 为束缚水饱和度。

Brooks—Corey 模型的拟合参数是 P_d，λ 和 S_r。

Van Genuchten 模型[38]：

$$P_c = P_o (S_e^{-\frac{1}{m}} - 1)^{\frac{1}{n}} \tag{1-3}$$

式中：m，n 间关系为 $n=(1-m)^{-1}$。其中 P_o，m，S_r 为拟合参数。

他们先根据驱替出的总水量估计出裂隙总体积（假定总体积为驱替出的总水量的 1.05 倍），以求出每个毛细压力下的水相饱和度。再借用上述拟合模型，用非线性最小二乘法拟合出单裂隙毛细压力～饱和度的关系式。

叶自桐等[36]做了天然花岗岩裂隙的水一油互不溶混拟稳态驱替试验。拟合方法和拟合采用的模型同 Reitsma 和 Kueper。所不同的是，他们把裂隙总体积也作为拟合参数，而不是估计一个值。这样处理较妥当，特别是拟合出的束缚水饱和度更准确。

由于油、气物理特性的差异，通过以上两个水一油驱替试验所得出的单裂隙毛细压力～饱和度关系式尚不能直接应用于非饱和渗流，但为单裂隙非饱和渗流的毛细压力～饱和度关系的建立提供了一种思路和方法。此外，通过上述拟稳态驱替试验所得的关系式应用于非恒定渗流计算时，会有一定的误差[39]。

为建立相对渗透系数～饱和度关系而进行的最早的二相流试验可追溯至 1966 年。Romm[40]用表面混合湿润（即表面由亲水的聚乙烯薄膜和亲油的蜡纸组成，改变两者所占的比例可控制水和煤油的饱和度）的平行平板缝隙做了水和煤油的二相流试验。在缝隙出口处分离出水和煤油，以测算得特定饱和度下两者的相对渗透系数。试验结果表明，两者的相对渗透系数均线性依赖于其饱和度。由于天然岩体裂隙是变开度的，故把裂隙概化为平行平板缝隙是存在问题的，因而上述试验结果是不能反映实际情况的。

Merrill[41]在玻璃平板所构造的模型裂隙和砂岩裂隙上做了水油二相流试验。试验结果表明在整个试验流速范围内，水相饱和度值均聚集在 0.72（对玻璃平板裂隙）和 0.62（对砂岩裂隙）附近，因此无法成功获得相对渗透系数与饱和度的关系。

Nicholl 和 Glass[42]在纹理玻璃板所构造的模型裂隙上测定了湿润相的相对渗透系数，发现相对渗透系数与饱和度的三次方成正比。纹理玻璃板所构造的模型裂隙仍不能很好的反映实际岩体裂隙的持水和导水特性。

Persoff 和 Pruess[43]通过天然凝灰岩裂隙的水气二相流试验和多孔介质的拟合模型得出了相对渗透系数～饱和度的经验关系式。他们所采用的拟合模型为 Corey 模型[44]，其表达式如下：

$$K_{rw}=(S_e)^4 \tag{1-4}$$

式中：K_{rw} 为水相的相对渗透系数；S_e 为水相的有效饱和度，可表示为：

$$S_e=\frac{S_w-S_{wr}}{1-S_{wr}-S_{gr}} \tag{1-5}$$

式中：S_e 为水相的有效饱和度；S_{wr} 为束缚水饱和度；S_{gr} 为残余气饱和度。

赵阳升等[45,46]在由有机玻璃板构造的模型裂隙上做了水气二相流试验，得出的相对渗透系数～饱和度关系如下：

$$K_{fw}=aS_w+b \tag{1-6}$$

式中：K_{fw} 为水相的相对渗透系数；S_w 为水相的饱和度；a，b 为拟合参数。

Bertels 等[47]研制了一种运用 CT 扫描技术来测定饱和度的实验技术，运用该技术在人工生成的玄武岩裂隙上做了排水试验（即气驱水试验）。试验结果表明，水相的相对渗透系数随饱和度急剧变化，远非线性关系。但他们没有进一步拟合出相对渗透系数与饱和度的关系式。

Indraratna 等[48]应用特制的三轴仪进行了高轴压和围压下的岩体裂隙水—气二相流试验。同时，基于质量、能量守恒原理及 Poiseuille 流动定律，提出了一种概化的分层二相流模型，并用试验成果验证了分层二相流模型。应用分层二相流模型得出了相对渗透系数、饱和度、毛细压力及流速之间的关系。

由于非饱和渗流是假设空气不流动，即气相压力维持恒定，故不同于上述二相流试验，因此通过二相流试验所建立的单裂隙相对渗透系数～饱和度关系不适用于非饱和渗流，但可借鉴上述方法建立单裂隙的相对渗透系数～饱和度（或毛细压力）的关系。

孙役等[49]采用垂直放置的单裂隙(由一块有机玻璃板和一块预制混凝土板合并而成)进行了不同隙宽、不同饱和水位、不同降雨强度下的一系列非饱和渗流模拟实验,建立了裂隙隙宽与毛细压力、饱和度与毛细压力、裂隙隙宽与饱和度以及毛细压力与非饱和渗透系数之间的实验关系。其中饱和度与毛细压力的实验关系为:

$$S=\frac{1}{1+ae^{bh}} \tag{1-7}$$

式中:S 为饱和度;h 为毛细压力;a, b 为拟合参数。

毛细压力与非饱和渗透系数的实验关系为:

$$K_S=\frac{\alpha K_0}{1.0+ae^{bh}} \tag{1-8}$$

式中:K_S 为非饱和渗透系数;K_0 为饱和渗透系数;h 为毛细压力;α 为毛细作用引起的渗透性衰减系数;α, a, b 为拟合参数。

由于所采用的裂隙是由有机玻璃板和混凝土板合并而成的,其形态不同于天然裂隙,故所建立的实验关系只能定性地描述天然裂隙非饱和渗流。

2. 数值试验法

由于控制和测量裂隙中水相的饱和度均较困难,而且做物模试验既费时又费钱,故有些学者致力于通过建立单裂隙概化模型,利用数值模拟法和多孔介质拟合模型得出单裂隙毛细压力～饱和度和相对渗透系数～饱和度(或毛细压力)的经验关系式。

合理的单裂隙概化模型需依据裂隙开度分布来建立。目前推求裂隙开度分布主要有以下四种方法:① 轮廓仪扫描法[50],即用千分表等水准仪沿裂隙上下壁面的若干迹线测得许多个点离基准面的距离,叠合上下壁面求得裂隙面许多个点处的开度,再推求出裂隙开度分布;② 注伍德合金或环氧树脂的仿形法[51,52],即往裂隙中注入伍德合金或环氧树脂,待凝固后,把裂隙切成许多薄片,成像放大后测得许多个点处伍德合金或环氧树脂凝固物的厚度,最后推求出裂隙开度分布;③ 拟稳态驱替试验法[16],即根据拟稳态驱替试验建立的毛细压力～饱和度关系式和某种入侵概念模型推求出裂隙开度分布;④ 针对透明的仿形裂隙(根据天然裂隙铸成[33,43]),运用光吸收技术求得许多个点处的开度,再推求出裂隙开度分布[53,54]。此外,还有核磁共振法[53]等。

Pruess 和 Tsang[35] 根据裂隙开度分布和假设的开度空间相关长度用 COVAR 法[55]生成裂隙随机样本,再概化为许多等面积不等开度的小平行板组合体;或者直接把实际的天然裂隙离散成许多小平行板组合体。根据毛细吸持理论的 Laplace 方程(见式(1-9)),给定一个毛细压力 P_c,可求得一个临界开度 b_s。他们假设开度小于 b_s 的所有小平行板内均充满水,由此通过计算求得相应于该毛细压力的水相饱和度 S_w。给定多个毛细压力可求得多个类似于物模试验的毛细压力～饱和度关系数据点。然后在裂隙一对边上给定适当的毛细压力,另一对边视为不透水边界,并假设充水的小平行板内立方定理成立。用 MULKOM 数值模拟法[56]求得该边界条件下裂隙总渗流量,再根据达西定律求得裂隙在该毛细压力(取入口、出口毛细压力的平均值)下的非饱和渗透系数,然后除以饱和渗透系数得相对渗透系数。给定多个不同的入口、出口毛细压力值,可求得一系列相对渗透系数和毛细压力的关系数据点。不过他们没有拟合出单裂隙毛细压力～饱和度和相对渗透系数～毛细压力的经验关系式。

$$b_s=\frac{2\sigma\cos\theta}{P_c} \tag{1-9}$$

式中:P_c 为毛细压力;b_s 为相应于 P_c 的临界开度;σ 为水气界面张力;θ 为接触角。

Kwicklis 和 Healy[57]对上述 Pruess 和 Tsang 的概化模型作了改进,即在生成裂隙充水域时,附加了一条入侵标准,认为入侵与否除依据毛细吸持理论外,还应考虑与周围的小平行板间有无水力联系。显然这更贴合实际天然裂隙的持水机制,是对 Pruess 和 Tsang 概化模型的改进。他们据此求得一系列毛细压力～饱和度的关系数据点,并用 Van Genuchten 模型拟合出了单裂隙毛细压力～饱和度的经验关系式。同 Pruess 和 Tsang,他们假设对每一小平行板立方定理成立,并在裂隙一对边上给定适当的毛细压力,另一对边视为不透水边界。以每个小平行板中心点的水头为未知量,取相邻小平行板开度的调和平均值作为小平行板间的等效水力开度,用 VSFRAC 数值模拟法[58]求得所有小平行板中心点的水头值,再根据这些水头值和小平行板间等效水力开度求得该毛细压力(取入口、出口毛细压力的平均值)下的总渗流量,然后据达西定律求得非饱和渗透系数,除以饱和渗透系数后即得相对渗透系数。给定许多不同的入口、出口毛细压力值,求得一系列相对渗透系数～毛细压力的关系数据点,根据上述毛细压力～饱和度的关系式换算为相对渗透系数～饱和度的关系数据点后,根据 Mualem 理论[59],用 Van Genuchten 模型拟合出相对渗透系数～饱和度关系式。拟合表达式如下:

$$K_r=S_e^{0.5}\left[1-\left(1-S_e^{\frac{1}{m}}\right)^m\right]^2 \tag{1-10}$$

式中:K_r 为相对渗透系数;S_e,m 的意义同式(1-3)。

Vandersteen 等[60]对上述 Kwicklis 和 Healy 的概化模型作了改进。对排水过程，与上述概化模型一样，同时考虑毛细准则（即毛细吸持理论）和入侵准则（即周围有水力联系才能入侵）来生成充气域。但对吸水过程，除考虑上述毛细准则和入侵准则外，还考虑了入渗水流的速度影响；此外，在吸水时，由于水是湿润相，所以在满足入侵准则而不满足毛细准则时，水会以薄膜水的形式占据大开度裂隙局域的边角。毛细压力～饱和度以及相对渗透系数～饱和度关系的求解方法同上。

王惠明等[61]将单裂隙定义为一个二维的多孔介质，将渗流看成是在裂隙上下固壁及左右流体界面中的流动，基于连续介质的方法，通过裂隙非饱和渗流的二维数值模拟，对岩体裂隙非饱和渗流中应用的 Van Genuchten 模型和 Brooks－Corey 模型进行评价并建立了改进的本构关系。Van Genuchten 模型虽然可以与持水曲线匹配得很好，但是 Van Genuchten 模型和 Brooks－Corey 模型都对相对渗透率估计过低。模拟结果表明：改进的 Brooks－Corey 模型相对渗透率～饱和度的关系和 Van Genuchten 模型毛细压力～饱和度的关系结合，可以较好地描述裂隙非饱和渗流的本构关系。

在上述数值试验法中均假设小平行板内立方定理成立，而且未考虑裂隙面上薄膜水的影响，这有待于试验证实[62,63]。因为立方定理是针对无限大平行光滑平板推导出的，即平板间距离远远小于平板的长宽尺寸，而上述小平行板不一定能满足这一条件。把天然裂隙概化成等面积不等开度的小平行板组合体也不一定合适[64]。此外，在确定入侵毛细压力时，还应考虑局部水气相界面曲率和裂隙局域几何形态的影响，否则对低毛细数下的入侵，模拟结果会偏离实际太远[64]。故最好还应通过物模试验的结果来修正数值试验法的结果，如引进修正系数等。

此外，Liu 和 Bodvarsson[65]运用裂隙网络方法对有限单元尺度（相当于表征单元体 REV）的裂隙岩体非饱和水力参数常用拟合模型进行了验证和改进。他们选取 10m 边长的正方形作为二维裂隙岩体的 REV，生成裂隙网络后，运用 Kwicklis 和 Healy 的方法，竖置 REV，两侧边作为不透水边界，上边界和下边界给定相同的毛细压力值，单裂隙的非饱和水力参数按 van Genuchten 模型给定，进行多种不同毛细压力下的裂隙网络非饱和流动数值模拟分析。数值模拟结果表明，对单元尺度的裂隙岩体而言，van Genuchten 模型能较好地拟合毛细压力～饱和度的关系（接近饱和时除外），van Genuchten 模型和 Brooks-Corey 模型都低估了相对渗透系数值。根据数值模拟结果，对 Brooks-Corey 模型的相对渗透系数～饱和度拟合公式进行了改进。这样就可以运用 van Genuchten 模型的毛细压力～饱和度拟合公式以及 Brooks-Corey 模型的相对渗透系数～饱和度拟合公式来拟合单元尺度的裂隙岩体非饱和水力参数。但是单裂隙非饱和水力参数能否应用 van Genuchten 模型还有待更多试验验证，故其研究成果有待斟酌。

3. 数学推导法

在缺少试验资料时，可对单裂隙非饱和渗流作某些假设和简化，根据裂隙开度分布，通过数学推导给出单裂隙毛细压力～饱和度和相对渗透系数～毛细压力(或饱和度)的关系式。

Wang 和 Narasimhan[10] 在推导上述两个关系式时假设：① 裂隙中所有流动沟槽均互相平行，且水流方向也平行于流动沟槽。故对单裂隙饱和渗流，可用式(1-12)代替立方定理中的开度立方得出单裂隙饱和渗透系数的表达式如下：

$$K_1 = \frac{g[b^3]_1}{12\nu} \tag{1-11}$$

其中
$$[b^3]_1 = \int_0^{b_{\max}} b^3 f(b)\,\mathrm{d}b \tag{1-12}$$

式中：$b_{\max}$ 为裂隙的最大开度；$f(b)$ 为裂隙开度分布函数；b 为裂隙开度；g 为重力加速度；ν 为运动粘滞系数。

② 裂隙壁面接触点引起水流的弯曲远小于气泡引起的水流弯曲。故仅引进气泡阻碍因子 τ 来修正非饱和渗流时水流的迂曲，并用式(1-14)代替立方定理中的开度立方得出单裂隙非饱和渗透系数的表达式如下：

$$K_s = \tau \frac{g[b^3]_s}{12\nu} \tag{1-13}$$

其中
$$[b^3]_s = \int_0^{b_s} b^3 f(b)\,\mathrm{d}b \tag{1-14}$$

式中：b_s 为毛细压力 P_c 下开始排水的最小开度，表达式见式(1-9)；$f(b)$ 的意义同式(1-12)。

由式(1-13)除以式(1-11)可得单裂隙的相对渗透系数为：

$$K_r = \tau \frac{[b^3]_s}{[b^3]_1} \tag{1-15}$$

此外，根据毛细吸持理论，单裂隙饱和度可表示为：

$$S = \frac{[b]_s}{[b]_1} \tag{1-16}$$

其中
$$[b]_s = \int_0^{b_s} bf(b)\,\mathrm{d}b,\ [b]_1 = \int_0^{b_{\max}} bf(b)\,\mathrm{d}b \tag{1-17}$$

式中：b_s，$b_{\max}$ 和 $f(b)$ 的意义同式(1-12)和式(1-14)。

根据式(1-15)和式(1-16)及开度分布函数 $f(b)$，即可建立毛细压力～饱和度和相对渗透系数～毛细压力的关系。

由于所作的两条假设与实际天然裂隙的渗流状况不相符合[66]，再加上推求气泡阻碍因子 τ 时所概化的模型也过于理想化[10]，故建立的毛细压力～饱和度和相对渗透系数～毛细压力的关系式有待改进，如气泡阻碍因子 τ 最好应用试验结果来修正。

周创兵等[67]假设开度大于临界开度 b_s（某毛细压力下开始排水的最小开度，根据 Laplace 方程即式(1-9)确定）的裂隙部分均排空。通过一系列推导得饱和度 S 为：

$$S=1-\frac{[b]_s}{[b]}\xi \tag{1-18}$$

式中：ξ 为裂隙排泄部分占裂隙总面积的比例；$[b]_s$ 为介于 b_s 和最大开度 $b_{\max}$ 间的裂隙平均开度；$[b]$ 为整个裂隙的平均开度。

他们据式(1-18)及 Mualem 理论[59]推求的相对渗透系数 K_r 为：

$$K_r=\left[1-\frac{[b]}{[b]_s}(1-S)\right]^3 \tag{1-19}$$

上述两式中的 ξ，$[b]_s$ 和 $[b]$ 根据已知的裂隙开度分布函数 $f(b)$ 来推求。

实际上，被小开度所包围的大开度裂隙部分既使其开度已大于临界开度，也会因为周围小开度部分未排空而不能排水，故他们假设的入侵概念模型不尽合理，得出的关系式有待改进。

此外，Pruess 等[18]和 Bodvarsson 等[17]根据地热井的现场观测资料分析得出了水一水蒸气二相流的相对渗透系数～饱和度关系，结果与 Romm 的类似。但是由于水和水蒸气是同一种物质，故水一水蒸气二相流有别于非饱和渗流[35]。另外由于在现场很难同时准确测得流速、压降和饱和度，故用现场测试法很难准确测定裂隙相对渗透系数～饱和度的关系。

只要测量准确，用物模试验法所建立的毛细压力～饱和度和相对渗透系数～饱和度(或毛细压力)关系应该比另外两种方法更符合实际。数值试验法和数学推导法的优点在于简单快捷，不象物模试验法那样费时费钱。尤其是数值试验法，若模型概化的合理，所建立的毛细压力～饱和度和相对渗透系数～饱和度关系能较好的符合实际。在缺少试验资料而又已知裂隙开度分布且精度要求不太高的场合下，数学推导法不失为一种快捷、方便的方法。但是，物模试验法在研究裂隙非饱和渗流特性和机理方面具有不可替代的地位，另外数值试验法和数学推导法中所作的假定需由物模试验来检验。在精度要求高的情况下，数值试验法和数学推导法的结果需通过物模试验的结果来修正。此外，物模试验法和数值试验法采用多孔介质的拟合模型，还有待于更多的物模试验来证实。

(二)单裂隙非饱和渗流机理的研究

以上对单裂隙非饱和渗流的试验和理论研究均集中在非饱和水力参数的测定和确定方面。对单裂隙非饱和渗流机理主要通过室内概化模型试验、数值模拟和现场中小规模试验等途径来研究。

Fourar 等[68]分别用光滑的和人工粗糙的(在表面上粘等径的玻璃小球)平行玻璃平板做了水气二相流试验，旨在通过试验初探裂隙二相流的渗透特性和机理。他们用控制水和空气的注入速度来控制两者的饱和度。在出口处分离出水和空气，测求两者的相对渗透系数，发现相对渗透系数不仅是饱和度的函数，而且还和流速有关。另外从观察到的流动状态来看也更接近于二相管流，而不是二相达西流，即惯性力起控制作用，流动不符合达西定律。由于采用的水气流速均远大于实际情况，再加上人工粗糙缝隙的开度变化要比天然裂隙的开度变化剧烈，而这两个因素均夸大惯性力的影响，故用上述试验结果解释天然裂隙的非饱和渗流是值得怀疑的。

Pieters 和 Graves[69]为得到相对渗透系数与饱和度的比值，做了水—气驱替实验。他们用摄像机拍摄了整个驱替过程，饱和度根据拍摄图像来确定。从摄像机拍摄的图像中可以清楚看到沟槽流和指流的形成和发展过程。

Nicholl 等[70]采用非水平放置的透明类粗糙裂隙(由两块纹理玻璃板拼成)做了非饱和渗流试验。用 CCD 相机观察流动状态发现，非水平的非饱和裂隙中会产生重力驱动指流。这说明地表入渗时，在非水平裂隙中将形成优势流路径。

Wan 等[71]利用“裂隙—岩块”微模型(分步触刻玻璃形成)观察了裂隙—多孔介质的流动模式和驱替过程。通过上述模型试验，可观察到裂隙—孔隙尺度上的流动形态，可显现非饱和裂隙流到饱和裂隙流的转变过程。同时揭示了以往模型试验中未发现的一些裂隙岩体非饱和渗流机制，如在非饱和渗流状态下，裂隙与岩块间同样存在剧烈的水交换。

Pruess[72]认为天然裂隙空间可概化为二维非均质的多孔介质域，并假设非均质裂隙域的渗透系数服从对数正态分布。把裂隙域剖分成许多个等面积的小局域，根据渗透系数的分布参数，给每个小局域赋渗透系数值，即可生成一裂隙样本。在裂隙样本的上边界给定入渗条件，左右边界作为不透水边界，采用有限差分法可求得裂隙内不同时刻的水头场和流速场的分布。不同入渗条件，不同分布参数下的模拟结果均表明，流动模式沿优势流路径呈树枝状分布，存在明显的优势流和指流现象。从大量的数值试验模拟结果可以看出,导致优势流的内因主要是裂隙域的非均质性,外因主要是非均匀的入渗边界条件。

Amundson 等[73]在同一裂隙模型上进行了非湿润相驱替湿润相的试验模拟和数值模拟。所采用的裂隙模型由一块光滑玻璃板和一块粗糙玻璃板(开不同深度方形小槽的有机玻璃板或纹理玻璃板)拼合而成。采用无圈闭的入侵模型或修正入侵模型对驱替过程进行了数值模拟,同时采用高分辨率的 CCD 相机以相同时步拍摄驱替图案。对比上述两种模拟结果可知,用合适的入侵模型模拟裂隙中的驱替过程很接近于试验结果,同时拍摄的驱替图案也较直观地描述了裂隙中非湿润相驱替湿润相的过程。

韩冰等[74]根据裂隙开度分布抽样生成裂隙面上的开度随机数,进而根据毛细吸持理论生成裂隙非饱和渗流路径(由连通的局部饱和区构成),基于裂隙局部开度为平行板模型的假设,对裂隙非饱和渗流进行了数值模拟。认为在裂隙中不存在类似多孔介质的非饱和渗流,对裂隙介质而言,在局部开度的尺度上,只有两种状态:饱水的或无水的。另外,裂隙非饱和渗流不同于饱和渗流,非饱和渗流倾向于发生在小开度中,即"狭缝"中。上述结论是基于毛细吸持理论和裂隙局域为平行平板的前提而得出的,而毛细吸持理论和裂隙局域为平行平板模型的假设均有待于试验验证,故结论的可信度有待于进一步探讨。

Tokunaga 等[75,76]在人工粗糙的玻璃表面和凝灰岩裂隙壁面上做了一系列薄膜水流试验,结果表明,对单裂隙非饱和渗流而言,薄膜水流对裂隙非饱和渗透系数的贡献是不可忽略的,特别是在毛细压力较大时。他们的结果也表明,以往的基于裂隙开度分布和毛细吸持理论的数值模拟结果有待于修正。Or 和 Tuller[77]通过试验和理论分析得出了与 Tokunaga 等相同的结论。

Rasmussen[78]在竖直放置的玻璃板模型上做了稳定的非饱和渗流试验,发现水相饱和度的大小对非饱和水流贯穿整个模型裂隙所需的时间没有本质的影响。

Ranjith[79]应用三轴仪进行了低围压下天然花岗岩裂隙的水—气二相流试验,分析了水—气二相流动模式。试验结果表明:对相对光滑裂隙(粗糙度系数小于6),气相流速小于 15m/s 时,会出现气泡流,此时平均水流速度在 0.1～0.5m/s 之间;当气相流速超过 22 m/s,就会形成连续的气流。当气相注入压力超过 0.25MPa 后,气相将占据大部分的裂隙空间,水相将以不稳定的薄膜水形式流动。

由于裂隙岩体的表征单元体一般较大,故室内小裂隙样本的试验结果不能很好的反映现场条件下裂隙非饱和渗流特性[80]。为此 Dahan 等设计了一套用于在现场测量通过裂隙的水流量和溶质运移的实验装置[81]。他们在野外选一合适的裂隙用上述实验装置进行了定水头渗透试验和示踪剂试验[82]。试验结果表明，即使裂隙出入口水头保持不变，裂隙内水流也始终达不到稳定流动状态；而且大部分的流动被限制在少数流动通道中，这些流动通道可同时存在而相互间不发生水混合。

Nativ 等[83]用示踪剂在裂隙发育的石灰岩现场做了许多监测试验，发现大部分的水均通过优势路径—裂隙下渗，而只有小部分水通过岩块下渗。这说明裂隙在地表入渗中扮演着重要的角色。

Liu 等[84]应用三维数值模型对尤卡山非饱和带中某一断层的非饱和流及溶质运移现场小规模试验进行了分析。断层按实际产状模拟，断层周围岩体应用双重介质模型模拟。分析结果表明，与断层相连的细微裂隙能明显地增大岩块孔隙率，延缓断层内水流流速；应用现有数模进行裂隙岩体非饱和渗流数值模拟时需要人为增加断层与岩块的接触面积才能使模拟结果符合实测结果。

Salve[85]选择两上下交叉隧洞的交叉部位，进行了中等规模(21m 厚的非饱和裂隙岩体渗透带)的现场入渗试验，揭示了一些大规模(百米以上量级)或小规模试验(米级)所未发现的非饱和渗流物理过程和动态行为。如:通过一系列不同入渗位置和不同集水位置组合情况下的入渗试验，揭示了入渗率、渗透速度等的空间变异性。

Zhou 等[86]为分析上述 Salve 的现场入渗试验成果，建立了一个三维非饱和渗流数学模型，以入渗柱体为基础的单元划分方案来模拟水力特性的空间变异性。采用 van Genuchten 模型来拟合不同岩柱的非饱和水力参数，并应用现场试验成果反演确定拟合参数。数值模拟结果总体上能较好地符合现场试验结果，但由于上述数模基于连续介质模型，所以对试验中存在地优先流、指流现象不能很好地模拟。说明对于中等规模的裂隙网络而言，应用连续介质模型不能准确模拟实际的非饱和渗流过程。

Zhang 等[87]针对三峡永久船闸高边坡花岗岩全风化带开展了降雨入渗实验研究工作，在实验设计的基础上研制了操作简单的人工降雨器，通过不同降雨强度下的入渗实验，分析了全风化带的入渗能力和入渗过程，为降雨入渗条件下边坡渗流场的研究和边坡排水系统的优化设计创造了条件。试验成果分析表明，在本实验模型的尺度上，降雨入渗过程是复杂的，不能简单地用连续介质中的扩散过程来描述，但在这个尺度上研究全风化带的入渗能力是合适的。

从以上对单裂隙及中小规模裂隙岩体非饱和渗流机理的研究成果可以看出，由于各研究者所采用的方法和裂隙模型存在差异，所揭示的单裂隙非饱和渗流的机理也不尽相同。如有些研究者观察到优势流和指流现象[69,70,72,83]，表明裂隙和岩块间的水交换比较弱，水主要通过优势路径快速流动，湿润锋面并非在整个过流断面同步前进。而有的研究者则认为在非饱和渗流状态下，裂隙与岩块间同样存在剧烈的水交换[71,84]。总之，虽然国内外已有一些学者对单裂隙非饱和渗流的机理进行了有益的探索，但还未达成共识，而且对单裂隙非饱和渗流特性及其与本质影响因素之间的关系还缺乏统一、系统的认识和理解。

二、裂隙岩体非饱和渗流的数学模型研究

由于裂隙岩体非饱和渗流控制方程的强非线性和求解域边界的复杂性，以及电子计算机的广泛应用，数值法已成为求解裂隙岩体非饱和渗流场的主导方法。为保证数值法的求解精度和使用的方便快捷，需建立合适的裂隙岩体非饱和渗流数学模型。目前已有不少用于求解裂隙岩体非饱和渗流场的数学模型，但各有优缺点和适用范围[32]。

目前用于求解裂隙岩体非饱和渗流场的数学模型可分为以下四类：① 等效连续介质模型；② 离散裂隙网络模型；③ 双重介质模型；④ 离散介质一连续介质耦合模型。各类模型及其相对渗透率曲线的示意图如图 1-1 所示。

(一)等效连续介质模型

裂隙岩体可视为由岩块和块间裂隙组成的系统。等效连续介质模型就是根据流量相等原则把岩块一裂隙系统等效成连续介质(若不考虑岩块的渗透性，只需把裂隙网络等效成连续介质即可，如图 1-1 中的等效多孔介质模型)，并用 Richards 方程或其推广式描述非饱和渗流。方程中出现的非饱和水力参数(即相对渗透系数～毛细压力(或饱和度)以及毛细压力～饱和度的函数关系)通过下述两法中的一种来获得。一是体积平均法(即取一表征单元体根据其内裂隙和岩块的相应非饱和水力参数及体积比重来推求)；二是微观法(即统一考虑裂隙开度和孔隙孔径，确定其分布，再用前文中介绍的数学推导法等推求非饱和水力参数)。进而用传统的多孔介质非饱和渗流分析方法来求解渗流场。

运用等效连续介质模型求解裂隙岩体非饱和渗流场的主要代表有：Peters 和 Klavetter[9]；Dykhuizen[88]；Pruess，Wang 和 Tsang[19]；张有天，王镭和陈平[89]；胡云进等[90]；Liu 等[91]以及戴会超等[92]。

等效连续介质模型的优点是可以直接运用较成熟的多孔介质非饱和渗流分析方法来求解裂隙岩体非饱和渗流问题，故其可操作性好。

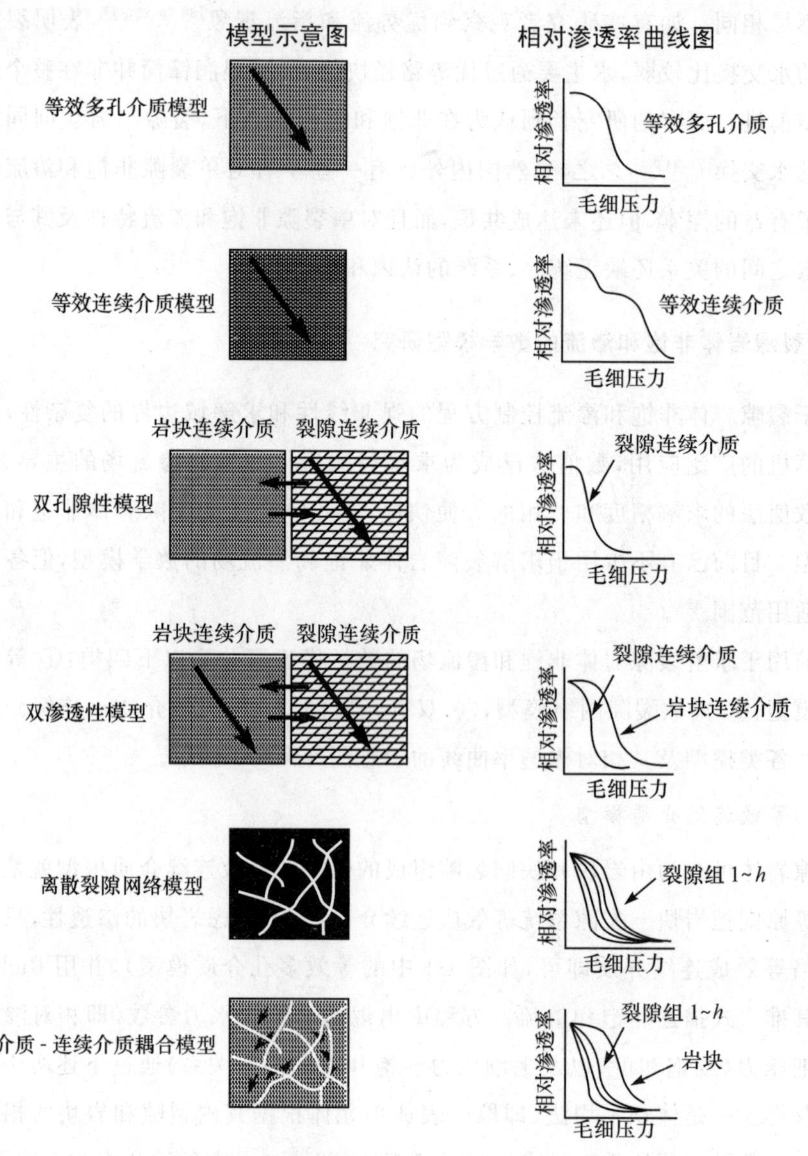

图 1-1 裂隙岩体非饱和渗流数学模型及其相对渗透率曲线示意图(据文[12])

不足之处主要有以下四点:① 把裂隙网络等效为连续介质来处理,不能很好地刻画出裂隙的特殊导水作用,在某些情况下其拟真性不好(如不能反映客观存在的优先流现象[8,93])。② 该模型的适用范围很受限制,因为不是所有的裂隙岩体均可等效为连续介质。要等效为连续介质必须具备以下条件:(a) 裂隙岩体存在表征单元体(REV),且相对于研究域来说不是太大,这就要求研究域很大或裂隙高度发育[57];(b) 裂隙岩体等效方向渗透率能构成某种椭圆形式,即存在对称的渗透张量,才能用等效连续介质理论求解[94];(c) 要用等效连续介质模型还应满足岩块与裂隙间的局部压力水头相等,即不存在水交换,这只在准恒定流(流动随时间变化缓慢,主要是指岩块饱和度变化缓慢,故岩块和裂隙间的水交换瞬间即可完成[9,10])或恒定流(对非饱和渗流一般不存在恒定流)时才能近似成立[9]。③ 表征单元体(REV)的大小和等效的非饱和水力参数很难准确确定。④ 对裂隙岩体非饱和渗流,当毛细压力变化时,其等效渗透张量的渗透主轴会变化,故用等效连续介质模型处理存在困难。

综上所述,等效连续介质模型适用于裂隙发育的大区域准恒定流问题的数值模拟。

(二)离散裂隙网络模型

离散裂隙网络模型认为岩块本身不透水,整个地下水运动是通过裂隙网络来实现的。其基本思路是:假定达西定律适用于单裂隙的非饱和渗流,由达西定律和水流连续原理推导出裂隙非饱和渗流的控制方程。再把裂隙网络离散成许多单元(三维裂隙网络用面元,二维裂隙网络用线元),根据所确定的单裂隙非饱和水力参数,用有限元法或有限差分法[95]求解以单元结点水头为未知数的控制方程得出水头场。

按照生成裂隙网络方法的不同可分为确定性模型和统计模型。

运用离散裂隙网络模型求解裂隙岩体非饱和渗流场的主要代表有:Kwicklis 和 Healy[57];张有天和刘中[96];周庆科等[97];宋晓晨等[98];以及 Hoteit 和 Firoozabadi[99]。

离散裂隙网络模型能较好地描述裂隙岩体的非均质各向异性,故当岩块很致密,确可忽略其渗透性时,具有拟真性好、精度高的优点。

但该模型需要给定研究域中全部有效裂隙的几何参数(裂隙的产状、开度分布、间距和迹长等),这在实际工程中很难办到。虽然裂隙网络模拟生成技术在解决这一难题上取得了重大进展[100-102],但目前还有许多问题(如裂隙渗流参数的生成问题[103]等)有待解决[104]。既使已知裂隙几何参数,裂隙的数量往往受到限制,因为裂隙过多会使模型过大而难以实现。综上可知,该模型可操作性差,很难应用于实际工程问题的分析。

另外,对非饱和渗流,岩块的非饱和渗透系数与裂隙的非饱和渗透系数相比一般不可忽略[10,105](除非岩块非常致密),这会导致该模型拟真性的降低(因为它忽略了岩块的渗透性)。由于这种模型不考虑裂隙和岩块间的水交换,非恒定场的分析有时会引入相当大的误差或错误。因此,离散裂隙网络模型较适合于求解岩块致密、裂隙稀疏的小区域的非饱和渗流问题。如该模型可用于求解等效连续介质模型中表征单元体(REV)的非饱和水力参数。

(三)双重介质模型

双重介质模型是一种双连续介质模型,认为岩块孔隙系统和裂隙系统(把裂隙网络等效为连续介质)均连续充满整个研究域。即把裂隙岩体看作是具有不同水力参数的两种连续介质的叠加体。这两种连续介质中的非饱和渗流均采用 Richards 方程来描述,并依据两种介质间的水交换(由于岩块孔隙和裂隙持水特性的差异,两者间存在局部的水头不连续,故存在水交换)来耦合求解各自的渗流场。由于研究域由两种连续介质组成,故其中的每一点处有两个水头值,一般取平均值作为最终渗流场的水头值。

根据是否考虑岩块的导水性分为双孔隙性模型和双渗透性模型。前者不考虑岩块的导水性,只考虑岩块的贮水性;后者同时考虑岩块的导水性和贮水性。对裂隙岩体非饱和渗流,一般需考虑岩块的导水性[10,105]。

根据水交换项获得方法的不同分为拟稳态流模型和非稳态流模型,拟稳态流模型比较常用。为更准确的模拟裂隙和岩块之间的剧烈水交换,Pruess 和 Narasimhan[106] 提出了一种非稳态流模型,即 Multiple Interacting Continua (MINC)模型。该模型与一般的双重介质模型的最大区别在于,每个裂隙网格单元是与多层嵌套的岩块网格单元群相对应的(如图 1-2 所示),而不是与单个岩块网格单元相对应的,故能模拟非稳定的水交换。由于对非饱和渗流而言,裂隙岩块间水流将长时间维持非恒定,即存在剧烈的水交换。故采用拟稳态流方法获得的水交换项与实际存在一定的偏差,要提高模拟精度,需采用非稳态流方法(MINC法)求两者间的水交换项。但为计算方便,一般均采用拟稳态流模型[107]。

运用双重介质模型求解裂隙岩体非饱和渗流场的主要代表有:Pruess 和 Narasimhan[106];Gerke 和 Van Genuchten[8];Zimmerman,Hadgu 和 Bodvarsson[108];Lagendijk[109];Bandurraga 和 Bodvarsson[110];刘新荣等[111];Wu,Liu 和 Bodvarsson[112];Walter 和 Debra[113] 等。

双重介质模型能在一定程度上刻画出优先流现象[8],并且考虑了岩块、裂隙间客观存在的水交换,故具有较好的拟真性(相对于等效连续介质模型)。由于把裂隙网络等效为连续介质来研究,故其可操作性也较好(相对于离散裂隙网络模型)。

但是裂隙网络不一定能等效为连续介质,因为其表征单元体(REV)不一定存在,或虽存在但太大,故该模型的适用范围较受限制。同时双重介质模型中水交换项较难准确确定,而水交换项精度又影响着该模型的拟真性[110]。此外,采用双重

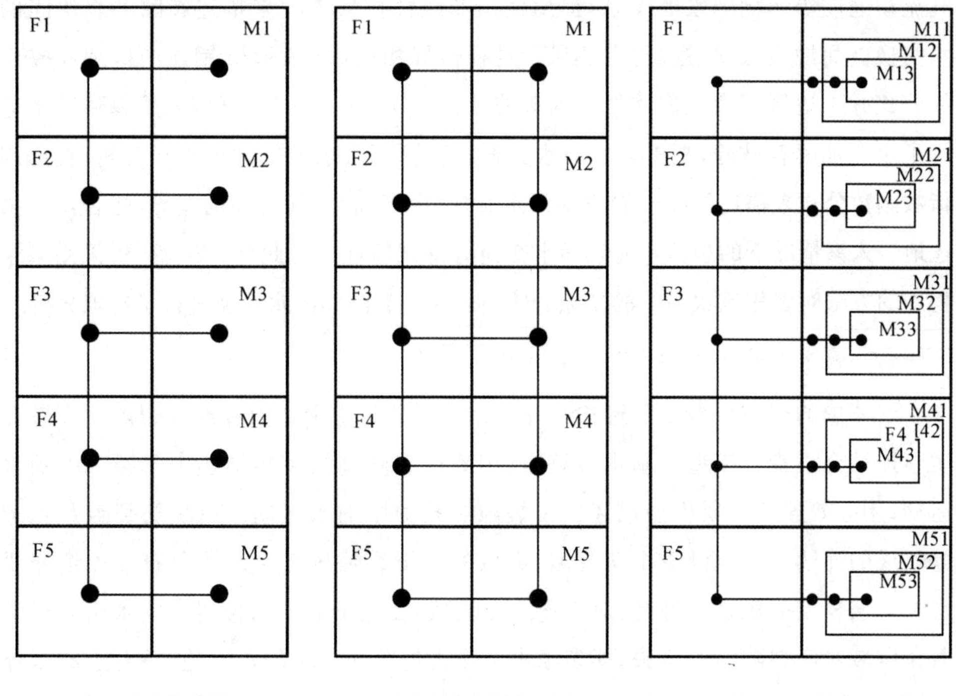

（a）双孔隙性模型　　（b）双渗透性模型　　（b）MINC模型

图 1-2　一维情形下双孔隙性模型，双渗透性模型和 MINC 模型的示意图（据文[106]）

介质模型计算得到的渗流场中每一点处有两个水头值，目前一般取平均值作为最终渗流场中任一点处的水头值，对这一问题的处理和理解有待于进一步深入。

对双重介质模型，由于裂隙一岩块间水交换项公式的准确性直接决定着模拟结果的精度，故许多学者对裂隙一岩块间水交换进行了大量的研究。主要是饱和渗流状态下裂隙一岩块间水交换项公式的研究，这方面的研究成果可参见 Sarma 和 Aziz[114]、Rangel－German 等[115,116] 以及 Trivedi 和 Babadagli[117] 的叙述。此外，Reimus 等[118] 对 47 个火山岩样本进行了岩块吸水试验，系统研究了岩块水分扩散系数与岩块孔隙率、岩块饱和渗透率以及裂隙充填物等影响因素的关系，但未给出裂隙一岩块间的水交换项公式，而且吸水试验也是在模拟裂隙饱水情况下开展的。由于同步控制与测量裂隙和岩块的饱和度比较困难，因此对非饱和状态下的裂隙一岩块间水交换研究的很少，目前只有以下几篇文献报道。Reis 和 Cil[119] 运用解析模型模拟了裂隙岩体孔隙尺度下的吸湿过程，但未阐明非饱和状态下裂隙一岩块间的水交换机理，也未给出裂隙一岩块间的水交换项公式。Sakaki[120] 通过定量试验和数值模拟研究了非饱和状态下石灰岩、砂岩和凝灰岩裂隙风干过程中岩块与裂隙间的水交换，阐述了岩块排水与岩块饱和度、裂隙开度以及裂隙内空气流动速度等影响因素的关系，提出使用非线性扩散方程来描述裂隙一岩块间的水交换。而地表入渗过程与上述风干过程恰好相反，故 Sakaki 阐述的机理和提出的公式并不适用于裂隙岩体地表入渗的分析。Gallego 等[121]采用天然裂隙样本进行了水一油驱替试验，根据岩块吸水数据，通过积分、求导等理论推导分析，提出用指数函数公式来描述裂隙一岩块间的水交换，由于油、空气特性的差异，能否用于描述地表入渗情况下的裂隙一岩块间水交换有待试验证实。此外，Wu 等[122]采用基于物理的方法对多相流状态下的裂隙岩体中岩块—裂隙间的水交换进行了模拟分析。

(四)离散介质一连续介质耦合模型

岩体中的裂隙可根据其迹长和开度大小划分为主干裂隙和次要裂隙。离散介质一连续介质耦合模型的基本思路是：用离散裂隙网络模型描述主干裂隙中的水运动；用等效连续介质模型描述次要裂隙和孔隙中的水运动。由次要裂隙和孔隙等效成的连续介质充满整个研究域；离散的主干裂隙按实际产状分布于连续介质之中。该模型的耦合条件是：对于连续介质域，在主干裂隙面位置上的水头等于离散介质域对应裂隙内的水头，即裂隙水头作为连续介质域的水头边界；对于离散介质域，则使用它与连续介质域间的水交换量进行耦合，即把水交换量作为离散介质域的流量边界，该水交换量由连续介质域的水头分布决定。

运用离散介质一连续介质耦合模型求解裂隙岩体饱和渗流场已有先例[123,124]。但未发现运用严格符合上述意义的耦合模型来求解裂隙岩体非饱和渗流场的例子。仅有的两个类似于上述耦合模型的数学模型均未把次要裂隙等效为连续介质来处理[105,125]，因此它们只能用于求解裂隙少且分布很理想化的情形(如裂隙等间距平行分布[124])。

离散介质一连续介质耦合模型综合了等效连续介质模型在刻画次要裂隙和孔隙中水运动的优点和离散裂隙网络模型在刻画主干裂隙中水运动的优点，既能反映裂隙特殊的导水作用，又能体现岩块的贮水作用。同时由于众多的次要裂隙等效为连续介质来处理，而主干裂隙又较少，故该耦合模型很好地解决了精度与可操作性间的矛盾，是求解裂隙岩体非饱和渗流场的较理想的模型。

另外，由于该耦合模型用离散裂隙网络模型来描述主干裂隙系统，而主干裂隙是导致裂隙岩体表征单元体(REV)过大或不存在的重要因素，故能解决双重介质模型用连续介质概化裂隙系统所存在的问题。但是由于描述连续介质域水运动与描述离散介质域水运动方程的不同给数学处理带来了不便。另外，离散介质一连续介质耦合模型同样存在水交换量难以准确确定的问题。

值得指出的是，针对尤卡山高放射性核废料深埋的问题，美国国家地质调查局（USGS），劳伦斯伯克利国家实验室（LBNL）以及洛斯阿拉莫斯国家实验室（LANL）的研究者们提出了一些用于分析降雨入渗下的裂隙岩体非饱和渗流的数学模型，所有这些模型均可相应归入上述四类模型中。关于这些模型的描述主要出现在他们的技术报告中，大多尚未公开发表。关于尤卡山非饱和渗流数学模型的进展情况，在文献[12,126]中作了详细的综述。

此外，Doughty[127]根据尤卡山SD－7钻孔的岩性，建立一维柱体下渗模型对等效连续介质模型和双重介质模型的适用性进行了检验。其中双重介质模型考虑了拟稳态水交换和非稳态水交换两种情形。数值模拟结果表明：对稳定下渗，上述不同数学模型的模拟结果比较接近，说明对稳定流动，假设裂隙与岩块间不存在水交换是合理的；对稳定流动，拟稳态水交换足以刻画岩块与裂隙间的水交换。对非稳定下渗，等效连续介质模型过低的估计了湿润锋面的推进速度，抹杀了裂隙中的优先流现象；对双重介质模型，拟稳态水交换和非稳态水交换的模拟结果也不尽相同，说明对流动变化剧烈的入渗问题，运用双重介质模型时采用非稳态水交换模型还是必要的。

三、工程应用

在水利、能源、环保、地质等工程应用领域，都会遇到裂隙岩体非饱和渗流问题。尽管该问题十分复杂，但也有人试图应用已有的研究成果来解决一些实际工程问题。

例如，张有天等[89,128]运用等效连续介质模型对三峡船闸所在山体和漫湾水电站左岸山体进行了有地表入渗的渗流场分析。张有天和刘中[96]运用离散裂隙网络模型，用Galerkin有限单元法对三峡船闸高边坡的简化模型进行了降雨入渗条件下的裂隙岩体非饱和非恒定的二维渗流场分析。胡云进等[129,130]应用等效连续介质模型进行了小湾电站水垫塘区边坡降雨入渗分析以及溪洛渡电站水垫塘区岸坡雾化雨入渗分析。为评价核废料深埋对地下水环境的影响，Wang和Narasimhan[131]运用等效连续介质模型，用积分有限差分法对尤卡山的裂隙岩体进行了非饱和渗流分析。朱岳明等[132]运用等效连续介质模型对三峡永久船闸高边坡三维饱和—非饱和渗流场进行了分析。Pruess等[19]曾用等效连续介质模型模拟过高放射性核废料深埋区附近非饱和带中的热－水耦合运动。Kueper等[14]以及Totsche等[133]也曾运用已有的裂隙岩体非饱和渗流成果研究过降雨对地面污染物的淋滤。此外，美国国家地质调查局，劳伦斯伯克利国家实验室以及洛斯阿拉莫斯国家实验室等单位的不少研究者运用各种不同的概念模型和数学模型对尤卡山非饱和带的降雨入渗进行过一些分析[12,126]，目的是评价高放核废料深埋的安全性及其对地下水环境的影响。具体研究成果读者可参见上述文献。

虽然国内外已有一些研究者把裂隙岩体非饱和渗流的研究成果应用于实际工程问题的解决。但从上述工程应用情况看，都或多或少的存在一些欠斟酌的假设和简化。总之，要使研究成果能真正的应用于实际工程问题的解决，并且能解决好，还有许多工作有待于去做。

第四节　地表入渗影响下的岩坡稳定性研究现状

岩坡滑坡的发生与降雨或雾化雨关系密切是早为人知的事实，但人们对这种关系的认识和理解仍很不充分[4,96]。因而深入研究地表入渗引发岩坡失稳的规律并建立定量的分析模型对于滑坡的预测和预防有着很重要的指导意义。从检索的文献看，研究地表入渗引发滑坡的规律主要有以下两种途径：一是根据大量的滑坡事件，用统计分析方法寻求降雨或雾化雨与滑坡的相关性规律[134]；二是研究地表入渗引发滑坡的物理机制并建立定量的分析模型，然后利用这种分析模型来进行岩坡稳定性研究[135,136]。

目前关于地表入渗对非饱和土坡稳定性的影响研究的较多[26,27,137-144]，这些研究成果可作为非饱和岩坡稳定性分析的参考和借鉴。但对于地表入渗对非饱和岩坡稳定性的影响研究的很少，尤其是通过上述第二种途径来定量研究地表入渗引发的岩坡失稳。一方面是由于用于岩坡稳定性分析的由地表入渗引起的暂态饱和非饱和渗流场较难准确求得，同时也缺乏毛细压力(基质吸力)影响岩体抗剪强度的研究成果；另一方面是由于岩坡潜在滑裂面的形状和大小取决于岩体中结构面的位置和方向，尚未有成熟的准确搜索最危险滑裂面位置的方法，只有在结构面方向杂乱分布且结构面相当密集的少见情况下，岩坡才会象土坡一样，其最危险滑裂面可由最小能量原理来确定[145]。

由于岩坡滑坡与地表入渗密切相关，故国内外许多学者采用第一种研究途径来寻求地表入渗与滑坡的相关关系，为滑坡的预测和预防提供科学依据。

Brand 等[146]通过对香港地区 20 年降雨资料的分析研究，揭示了降雨与滑坡的关系，即大多数滑坡事件几乎都发生在雨势高峰之后的 4h 之内，只有约 10%的滑坡发生在 16h 以后，并且在最大降雨强度小于 70mm/h 时，出现灾难性滑坡的概率很低。

Kay[147]通过实际资料的统计分析获得了降雨强度与滑坡严重程度的关系，并给出了根据香港地区 1h 峰值降雨量与相应的 24h 降雨量所建立的出现严重滑坡的分区图。每个区出现严重滑坡的概率是不同的，分区图可作为预测和预防滑坡的依据。

李晓[148]根据重庆地区地质、地貌特点的分析，认为降雨与滑坡有如下关系：降雨强度大于等于 100mm/d，稳定性差、处于临界稳定状态的斜坡地段开始变形，局部破坏、失稳；降雨强度大于等于 150mm/d，稳定性较差的斜坡地段普遍出现变形、破坏并发生崩塌、滑坡和泥石流等灾害。

薛果夫等[149]通过观测资料的分析得知，著名的新滩滑坡的上段即姜家斜坡每年都有与雨季密切对应的高速变形期。这种对应关系有以下特点：① 位移加速、减速周期的起止时间滞后于雨季起止时间；② 不同变形阶段位移与降雨的关系不同，在蠕动变形期，位移与降雨关系不大，在缓慢变形期，位移加速大大滞后于降雨，在推移变形阶段，位移加速期与雨季几乎同时开始，但终止过程延续很长时间；③ 不同滑动阶段产生位移加速的"起动雨量"(即加速以前累计降雨量)有逐步减小的趋势。

陈英放等[150]对由降雨引发的大冶铁矿象鼻山北帮滑坡的整个过程作了监测。观测资料表明，滑坡垂直位移与降雨间存在如图 1-3 所示的关系。

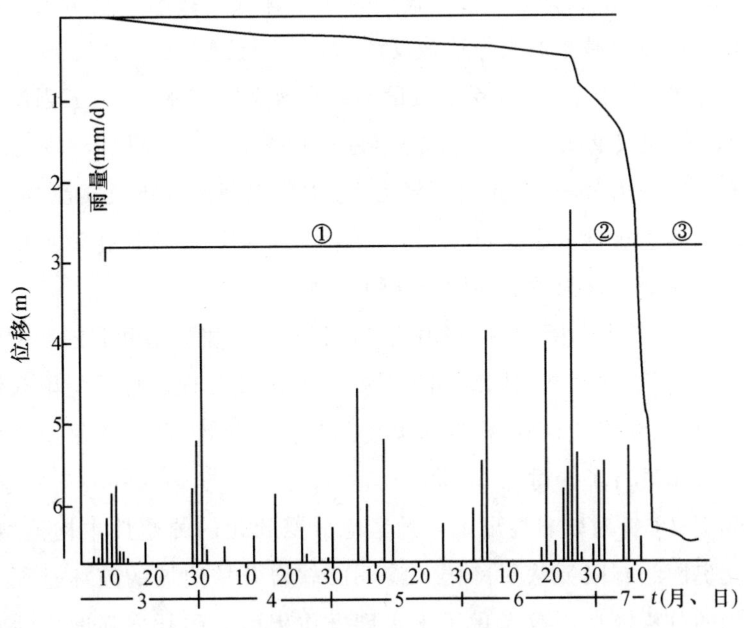

图 1-3 大冶铁矿象鼻山北帮滑坡垂直位移与降雨间的关系

曲焰[151]根据陇南市古滑坡的监测资料发现：降雨量越大，位移变形量越大，从旱季到雨季，位移有较明显的增长。月降雨量小于 100mm，基本无位移；月降雨量大于 400mm，位移有明显突变。降雨量与位移量具有如下的相关关系：

$$y = ae^{bx} \tag{1-20}$$

式中：y 为水平位移量；x 为降雨量；a、b 为相关系数。

通过回归分析得出，在显著变形区：$a=2.9\sim3.4$，$b=0.0064\sim0.0081$；在一般变形区：$a=1.05$，$b=0.0077$。

通过第二种研究途径来进行地表入渗下的非饱和岩坡稳定性分析时，暂态附加水荷载的确定是关键[4,96]。但目前在工程设计中所选用的非饱和区暂态附加水荷载都是凭经验假定的。图 1-4 列出了国内外一些工程所采用的非饱和区暂态孔隙水压力分布。如为使工程设计偏于安全，美国某些船闸边坡工程和隧洞衬砌工程采用水面达地表的全水头静水压力分布[152]。对于高边坡工程，采用这一水压力分布使加固设计过于保守。我国一些边坡工程常将全水头静水压力乘以折减系数来作边坡设计，如漫湾折减系数 0.4；三峡工程采用折减系数 0.3，目前采用强排水体系而假设不存在暂态附加水荷载；五强溪水电站则采用类似 Hoek 建议的图形[153]，但取值较小。由图 1-4 可以看出，不同工程采用的边坡暂态孔隙水压力分布，彼此差别极大，且均缺少理论分析及实测数据的支持，带有极大的人为主观性。由此可见，如何恰当估计岩坡内暂态孔隙水压力的升高区和升高值是预测岩坡滑坡和加固设计的关键。

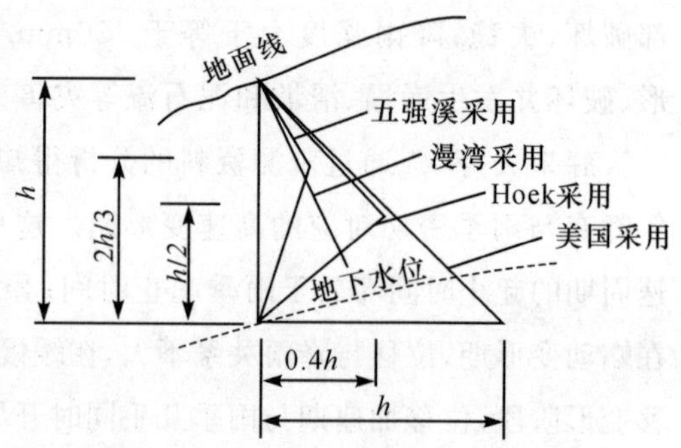

图 1-4 各工程所采用的因降雨入渗而形成的暂态孔隙水压力分析（据文[153]）

为此，张有天等[135]建议根据降雨入渗分析所得的岩坡饱和非饱和渗流场来确定暂态附加水荷载，并用裂隙网络模型对一岩石边坡工程进行了降雨入渗下的非恒定、饱和非饱和渗流场分析，根据渗流场的计算结果，对降雨入渗所产生的暂态孔隙水压力分布进行了探讨。

Adachi 等[154]针对软岩提出了一种考虑应变软化的弹塑性本构模型，并应用该模型和比奥固结有限元法对降雨入渗下的软岩开挖边坡的破坏过程进行了分析。在他们的分析模型中仅考虑了土水耦合作用引起的软岩强度特性的时间效应，而未考虑基质吸力对岩体抗剪强度的贡献以及水对软岩强度的弱化作用；对降雨入渗的分析也未采用饱和非饱和渗流模型。

孙役等[155]根据单裂隙饱和非饱和渗流实验结果，确立了裂隙岩体渗流时饱和度与负压以及非饱和渗透系数与负压之间的实验关系式，进而建立了有暴雨入渗的三维裂隙网络饱和一非饱和渗流数学模型，针对龙滩水电站左岸蠕变体边坡进行了不同工况下的渗流与稳定性分析，并给出了其高边坡工程安全施工的建议措施。在他们的分析中未考虑基质吸力对岩体抗剪强度的贡献。

戚国庆[136]根据饱和非饱和渗流场的计算结果对考虑降雨入渗的一露天矿边坡进行了稳定性分析，结果表明边坡稳定安全系数随降雨入渗的进行将逐渐减小。

罗先启等[156]根据诱发黄腊石滑坡的典型降雨过程给出了设计降雨过程和入渗曲线，并对降雨条件下滑坡的非饱和非稳定渗流进行了分析。他们重点对黄腊石滑坡群石榴树包滑坡失稳后所造成的灾害及滑坡排水效果进行了研究。在边坡稳定分析中也未考虑基质吸力对岩体抗剪强度的贡献。

宋晓晨等[157]提出了一种雾雨作用下非饱和岩坡的稳定性分析方法。采用模糊综合评判理论预测挑流泄洪雾化降雨量，将有限元法应用于模拟降雨入渗引起的边坡饱和非饱和暂态渗流场，采用有限差分法分析滑坡在渗流荷载作用下的稳定性。以水布垭水电站坝区台子上滑坡为工程实例，分析了台子上滑坡在雾雨作用下的非饱和边坡稳定性问题，所得结论符合实际。

陈有亮等[158]分析了水对岩块强度以及贯通软弱结构面强度的影响，并分析了水与硬性非贯通分布结构面的耦合作用及其对岩石边坡滑移的影响，在此基础上分析了水对高边坡稳定性的影响。最后从系统学的角度分析了雨水和地下水(含地表水)与高边坡稳定性的关系。

胡云进等[159]采用延伸的摩尔一库仑破坏准则以考虑基质吸力对岩体抗剪强度的贡献，对地表入渗影响下的岩坡失稳机制进行了探讨。针对裂隙化程度较高或陡倾角裂隙发育的岩坡，运用刚体极限平衡理论，提出了一种考虑地表入渗影响的岩坡稳定性分析方法一改进的不平衡推力传递法，并编制了考虑非饱和带基质吸力和暂态附加水荷载等作用的岩坡稳定分析程序。他们应用上述方法和程序进行了雾化雨入渗对溪洛渡水垫塘区岸坡稳定性的影响研究[3]。

通过第一种途径所得出的地表入渗与岩坡滑坡的相关关系可作为本地区或本边坡的中短期滑坡预测和预防，但不能外延至其它地区或其它滑坡的分析。对主要是由地表入渗引发的滑坡，可通过第一种研究途径，根据大量观测资料的统计分析及回归分析得出地表入渗与滑坡的经验关系，作为滑坡中短期预报的依据。而第二种研究途径物理概念明确、通用性好且适宜于作为岩坡稳定核算和滑坡的长期预报。

此外，王恩志等[160]利用自行设计制作的单裂隙渗流试验装置，对一垂直单裂隙在有降雨入渗条件下的非饱和区渗透荷载分布规律开展了一系列的试验研究，获得了有实用参考价值的非饱和区渗透荷载分布规律特征，为地表入渗影响下的非饱和岩坡稳定性分析提供了试验依据。汪金元等[161]在单裂隙非饱和渗流试验成果的基础上，开展了三维正交裂隙网络饱和—非饱和渗流试验研究，分别从渗流时自由水面及降雨下非饱和区渗透荷载分布规律两方面进行了试验验证分析，为三维裂隙网络饱和—非饱和渗流数学模型的建立提供了实验基础。Stead 和 Coggan[162]对现有的岩坡稳定性分析数值方法进行了综述，指出了各种方法的适用性和局限性，为地表入渗影响下的岩坡稳定分析时数值方法的选取提供了依据。

综上分析可知，目前对地表入渗引发岩坡失稳的机制研究的不多，尤其缺乏系统定量的研究成果。而由降雨或泄洪雾化雨所诱发的岩坡滑坡又频繁发生，给人民生命和财产带来巨大的损失。因此，迫切需要进一步的深入研究地表入渗引发岩坡失稳的规律并建立定量的分析模型用于滑坡的预测和预防。

第五节　本书内容结构

本书着重介绍著者本人在单裂隙非饱和渗流机理、单裂隙非饱和水力参数的测定和确定、有地表入渗的裂隙岩体非饱和渗流分析以及地表入渗影响下的岩坡稳定性分析等方面的研究成果。为使内容更具系统完整性，同时也简要穿插介绍国内外学者的一些研究成果。本书共分 7 章，各章主要内容如下。

第一章为绪论。首先介绍了裂隙岩体非饱和渗流的定义和研究意义；然后从单一裂隙非饱和渗流研究和裂隙岩体非饱和渗流分析模型这两方面出发，系统综述了裂隙岩体非饱和渗流的研究进展；最后介绍了地表入渗影响下的岩坡稳定性研究现状。

第二章借鉴前人的研究成果，基于动力法原理[163,164]（即逐步建立水相、气相之间的稳定流动状态），研制出了一套可同时测定单裂隙毛细压力～饱和度以及非饱和渗透系数～毛细压力关系的实验装置；在该实验装置上进行了裂隙概化模型的试验，初步阐明了单裂隙非饱和渗流的机理和基本水力特性；在确信上述实验装置和试验原理可靠性的前提下，提出了一种用该实验装置来测定单裂隙非饱和水力参数的物模试验法。在总结分析以往数值试验法优缺点的基础上，运用分形几何和蒙特卡洛模拟等理论，提出了一种确定单裂隙非饱和水力参数的数值试验法，并研制出了相应的模拟程序 FRACTURE；由于该法在生成裂隙充水域时考虑了水和气的“圈闭”影响，故能模拟出裂隙排水与吸水过程间客观存在的滞后现象。

第三章简单介绍了完整岩石饱和渗流试验及非饱和渗流机理的研究成果。借用土体非饱和渗流研究方法，给出了完整岩石非饱和渗流试验装置、试验原理及非饱和水力参数的试验测定方法。

第四章针对裂隙较发育的岩体，采用与当前岩体工程勘探水平相适应的等效连续介质模型，建立了有地表入渗的裂隙岩体饱和非饱和渗流的数学模型；以 Galerkin 有限元方法为模拟手段，研制了相应的算法，并编制了考虑地表入渗的三维饱和非饱和渗流有限元计算程序 SUSS3D，使得降雨或泄洪雾化雨入渗下的裂隙岩体饱和非饱和渗流场的模拟结果能更贴近实际；通过几个算例分析表明上述模型和计算程序是合理可行的。此外，还简单介绍了离散裂隙网络模型和双重介质模型。

第五章借鉴非饱和土的抗剪强度理论，运用刚体极限平衡法，研制出了地表入渗影响下的岩坡稳定性验算程序 ZSLP。该程序考虑了基质吸力对岩体抗剪强度的贡献以及暂态附加水荷载的不利作用(若具备含水量与岩体强度指标之间的关系，还能考虑水对岩体的软化作用)，使得计算结果更贴近实际。用该程序进行岩坡稳定分析时，滑裂面可以是任意形状的。

第六章工程应用。将上述研究成果应用于小湾电站水垫塘区岸坡降雨入渗分析、溪洛渡电站水垫塘区岸坡雾化雨入渗分析以及雾化雨入渗对溪洛渡电站水垫塘区岸坡稳定性的影响等实际工程问题的研究。结果表明：地表入渗确会给边坡稳定带来不利的影响，所提出的模型和计算程序均是合理可行的。

第七章结论与展望。对本书研究成果进行了总结，并提出了若干需进一步深入研究的问题。

第二章

单一裂隙非饱和渗流研究

第二章　单一裂隙非饱和渗流研究

单一裂隙非饱和渗流研究主要包括非饱和渗流机理的研究和非饱和水力参数的测定(或确定),它是裂隙岩体非饱和渗流研究的基本问题和理论基础。借鉴多孔介质非饱和渗流的试验方法,研制出了一套可同时测定单裂隙毛细压力～饱和度以及非饱和渗透系数～毛细压力关系的实验装置。为检验实验装置的可信度和试验原理的正确性,并初步探讨单裂隙非饱和渗流的机理,特制作了一阶梯开度的裂隙概化模型(称之为"S－H"裂隙模型),并在上述实验装置上进行了"S－H"裂隙模型的非饱和渗流试验。试验结果表明上述实验装置和试验原理是可靠的。在"S－H"裂隙模型试验的基础上,给出了一种测定单裂隙非饱和水力参数的物模试验法。最后,在总结分析以往数值试验法优缺点的基础上,提出了一种更为合理可行的确定单裂隙非饱和水力参数的数值试验法。

第一节　概　述

众所周知,裂隙是岩体渗流的主要通道,它对裂隙岩体的水力行为起控制作用。故单一裂隙非饱和渗流的研究是裂隙岩体非饱和渗流研究的基本问题和理论基础。目前,对单一裂隙非饱和渗流的研究主要包括非饱和水力参数的确定(或测定)和非饱和渗流机理的研究[32]。

由于在模拟裂隙岩体非饱和渗流时一般多借鉴多孔介质非饱和渗流的分析方法,其控制方程相同于(或类似于)多孔介质非饱和渗流的控制方程—Richards 方程。因此在进行裂隙岩体非饱和渗流数值分析时,不论是采用等效连续介质模型还是离散裂隙网络模型或是双重介质模型,最为关键的是单裂隙毛细压力～饱和度和相对渗透系数(或非饱和渗透系数)～毛细压力(或饱和度)关系的建立。目前主要通过以下三种途径来建立上述关系。

(1)物模试验法[16,36,40－49]。即直接通过单裂隙拟稳态驱替试验和二相流试验,借用多孔介质拟合模型拟合出经验关系式。由于油、气物理特性的差异,通过水—

油驱替试验所得出的毛细压力～饱和度关系尚不能直接应用于非饱和渗流分析。此外，通过上述拟稳态驱替试验所得的关系式应用于非恒定渗流计算时，会有一定的误差[39]。由于非饱和渗流假设空气不流动，气相压力维持恒定，因此通过二相流试验所建立的相对渗透系数～饱和度关系不适用于非饱和渗流。

(2)数值试验法[35,57,60,61]。由于控制和测量裂隙中水相的饱和度均较困难，而且做物模试验既费时又费钱，故有些学者致力于通过建立单裂隙概化模型，即根据裂隙开度分布概型生成裂隙样本，离散裂隙面后利用数值模拟方法和多孔介质拟合模型得出单裂隙毛细压力～饱和度和相对渗透系数～饱和度(或毛细压力)的经验关系式。但由于在形成裂隙充水域时没有很好地考虑水和气的"圈闭"以及薄膜水的影响，目前的这些数值试验法都或多或少地存在一些问题[75-77]。

(3)数学推导法[10,67]。在缺少试验资料时，可对单裂隙非饱和渗流作某些假设和简化，根据裂隙开度分布，通过一系列数学推导得出单裂隙毛细压力～饱和度和相对渗透系数～毛细压力(或饱和度)的关系式。

此外，Pruess 等[18]和 Bodvarsson 等[17]根据地热井的现场观测资料分析得出了水－水蒸气二相流的相对渗透系数～饱和度关系。但是由于水和水蒸气是同一种物质，故水－水蒸气二相流有别于非饱和渗流[35]。而且由于在现场很难同时准确测得流速、压降和饱和度，故用现场测试法很难准确测定裂隙的相对渗透系数～饱和度关系。

针对现有物模试验法的不足，借鉴前人研究成果，研制出一套可同时测定单裂隙毛细压力～饱和度和非饱和渗透系数～毛细压力关系的实验装置，并通过裂隙概化模型试验来初步探讨单裂隙非饱和渗流的一些基本水力特性和机理。此外，还将在总结分析以往数值试验法优缺点的基础上，运用分形几何和蒙特卡洛模拟等理论，提出一种更合理可行的确定单裂隙非饱和水力参数的数值试验法。

第二节　单裂隙非饱和渗流试验研究

综合国内外现有的研究成果看，目前对单裂隙非饱和渗流的试验研究主要包括非饱和水力参数的测定和非饱和渗流机理的研究。对机理和基本水力特性的研究有二相流试验[68,69,73,79]，也有非饱和渗流试验[70,71,75-78]。但是在测定非饱和水力参数时，主要还是水－油拟稳态驱替试验[16,36]和水－油(或水－气)二相流试验[40-49]，因而运用现有试验方法所测出的单裂隙非饱和水力参数不能用于裂隙岩体非饱和渗流的分析[32]。为此,将借鉴多孔介质非饱和渗流的试验方法[6,164],基于动力法原理[163]研制出一套用于测定单裂隙非饱和水力参数的非饱和渗流实验装置,并在该实验装置上进行裂隙概化模型的非饱和渗流试验,以检验实验装置的可靠性和试验原理的正确性,并初步探讨单裂隙非饱和渗流的机理。

一、实验装置的研制

(一)研制思路

研制单裂隙非饱和渗流实验装置的主要预期目标是:该装置能同时测定单裂隙毛细压力～饱和度以及非饱和渗透系数～毛细压力的关系,并通过试验结果初步探索单裂隙非饱和渗流的机理。

借鉴多孔介质的研究成果,基于动力法原理,即通过逐步改变毛细压力(即负压力)来建立水相和气相之间的逐次稳定流动状态[163]以测定上述两个关系。因此要有能通过上下移动裂隙位置来改变毛细压力的升降系统。为达到稳定流动状态,供水和集水系统均应是不变水头的。为准确量测不同毛细压力下裂隙内含水量的变化量,用高精度的电子天平来测量供水量和集水量。为确保裂隙内水相能形成负压并消除毛细管末端效应以保证试验结果的正确性,在裂隙的进水和出水侧应设置毛细隔栅。此外,还要在裂隙的进水侧和出水侧布置张力计来测量负压力(即毛细压力)。

(二)装置简介

根据上述研制思路设计出的单裂隙非饱和渗流实验装置示意图如图 2-1 所示。它主要由以下四部分组成:① 常水头供水系统,包括 Mariotte 瓶(下称马氏瓶)和高精度电子天平 a;② 主体部分,包括天然裂隙(或裂隙模型)、毛细隔栅、进水端和出水端的端帽以及张力计等;③ 用于上下移动裂隙位置的升降系统;④ 定水头集水系统,包括两个有机玻璃筒和高精度电子天平 b。

下面介绍上述各个部件的工作原理及其在本实验装置中的功用。

马氏瓶是一种既能控制水位又能自动连续补水的装置[165],在本实验装置中,马氏瓶作为常水头供水装置,其示意图见图 2-2。

马氏瓶的工作原理如下:进气管刀口上缘处水压力等于瓶中气压力与该点以上的水柱压力之和。开始时,进气管刀口上缘处水压力等于进气管刀口处的大气压力,处于平衡状态。马氏瓶对外供水后,引起瓶中水位下降,使得进气管刀口上缘处水压力小于进气管刀口处的大气压力,于是空气由进气管进入瓶内,使瓶内气

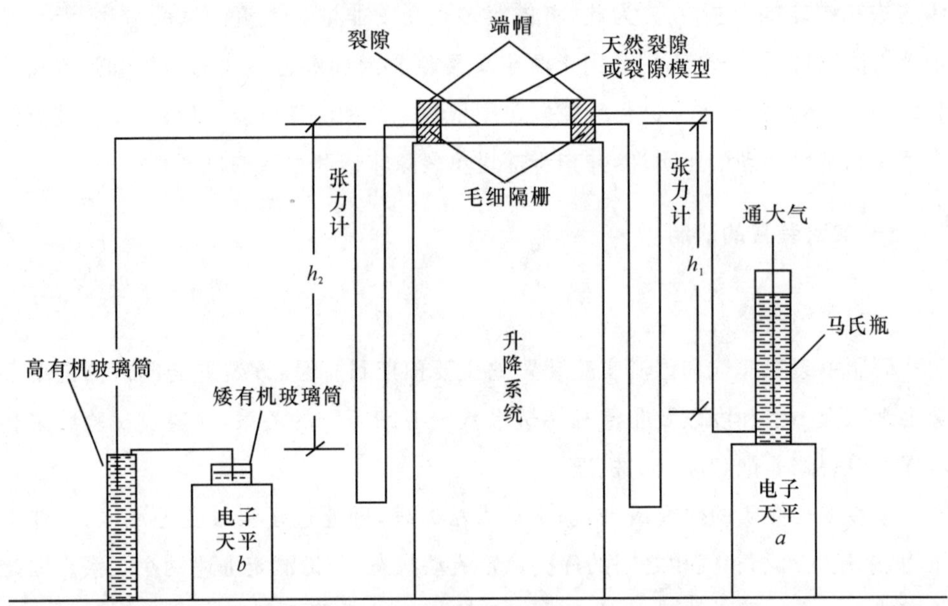

图 2-1　裂隙非饱和渗流实验装置示意图

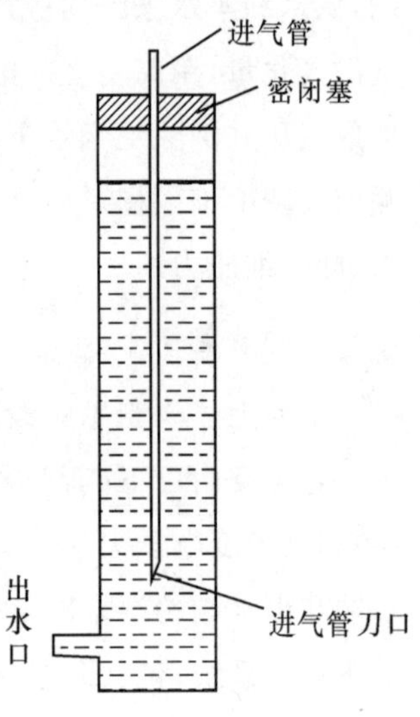

图 2-2　马氏瓶示意图

压上升直至达到新的平衡。由此可见进气管刀口上缘处水压力始终等于大气压力，使得马氏瓶能在保持常水头的情况下不断供水，同时供水量可根据瓶上的刻度直接读取。

由于裂隙本身的含水量很小，两级不同毛细压力下裂隙含水量的变化量更小，故为保证量测精度，特用高精度的电子天平来测量马氏瓶和其内水的质量，以算得给定时段内供水的质量，再换算为供水的体积，而不是由马氏瓶上的刻度直接读取供水的体积。常水头供水系统中的电子天平 a 就是用来量测给定时段内马氏瓶所供水的质量。其量程应尽量能满足连续试验的要求(要连续试验，马氏瓶中应有足够的水量，故要求电子天平的量程较大)；感量能满足试验的精度要求。

装置主体部分中的天然裂隙可由现场取得。裂隙模型可由两块石板拼合而成，或者由其它材料制成，如有机玻璃、钢板等。

毛细隔栅及进水端和出水端的端帽示意图如图 2-3 所示。

毛细隔栅的详细示意图见图 2-4。其中进气小槽是等宽度等间距布置的，其宽度为 3.0mm，深度为 5.0mm，高度为 10.0mm，间距为 3.0mm。毛细隔栅的外形尺

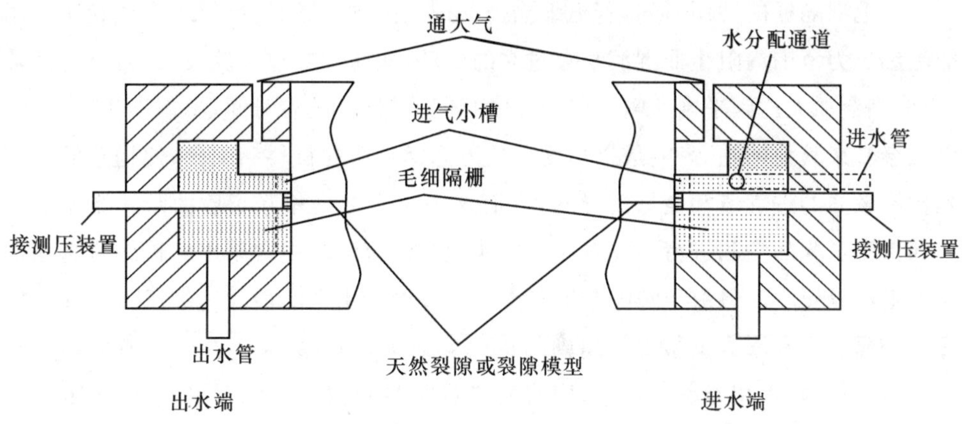

图 2-3　毛细隔栅及端帽示意图

寸与端帽的尺寸相匹配。在浇筑毛细隔栅时预埋张力计的连接管，管头用进气值更高的多孔砂浆块包住(这里称之为多孔砂浆柱塞)，以确保在试验所采用的毛细压力范围内均能准确地量测到毛细压力值(即水相的负压力值)。

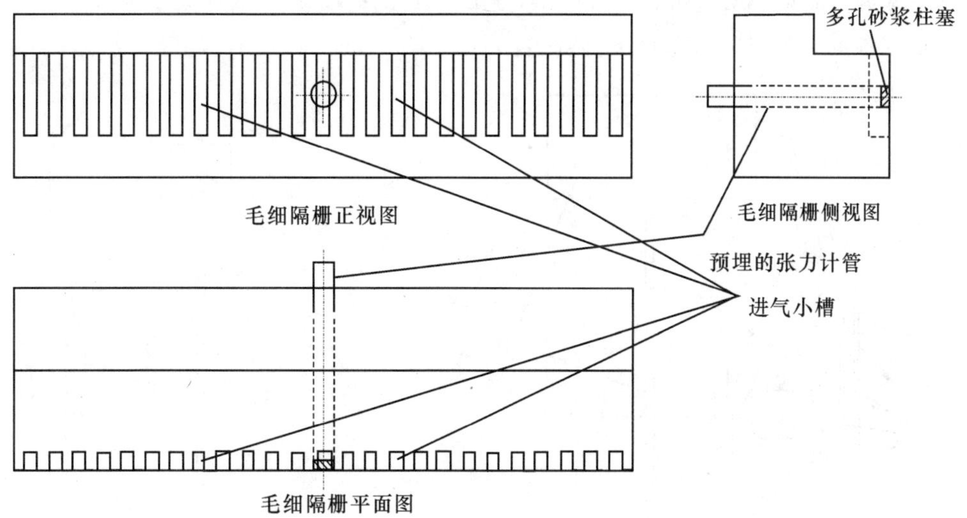

图 2-4　毛细隔栅示意图

毛细隔栅的主要功用为：① 提供裂隙内水相与外部水相之间的紧密水力联系，可减小毛细管末端效应；② 阻止气相穿过它的流动，以便准确量测集水体积，同时可使裂隙内水相形成负压，继而可以调节毛细压力的大小；③ 与裂隙相接触的面上开进气小槽，以使水、气能均匀混合进入裂隙，可减小毛细管末端效应，而且也更符合实际情况；④ 进、出水端毛细隔栅内的进气小槽均与大气相通，可使裂隙内气压恒定，实现真正的非饱和渗流。

由毛细隔栅的功用可知，若毛细隔栅的进气值过低，则不能保证在试验所采用的毛细压力范围内阻止非湿润相穿过它的流动，从而会导致试验失败；若渗透系数过小，则会加大达到平衡所需的时间，从而延长了整个试验时间，不但工作效率低，而且会带来其他问题，影响成果精度。故需选择合适的材料和配比，使构造的毛细隔栅有较高的进气值和良好的导水性(而这一对要求是相互矛盾的)，才能保证非饱和渗流试验的顺利进行。在多孔介质非饱和渗流试验中常采用高进气值陶土板作为毛细隔栅[6]。但由于裂隙非饱和渗流试验中所用到的最大毛细压力值远小于多孔介质非饱和渗流试验中所用到的最大毛细压力值，故为了在试验所采用的毛细压力范围内，水相能顺畅通过，同时又能对非湿润相起阻挡作用，一般选用导水性较好(相对于陶土板)、进气值合乎要求的多孔砂浆块作为毛细隔栅[16,36]。

由于不同砂粒径、不同配合比构造的多孔砂浆块具有不同的进气值和渗透系数，故为选取合适粒径和配比的多孔砂浆块作为毛细隔栅，共计对 6 种不同砂粒径、不同配合比的多孔砂浆块进行了率定试验，主要是测定其进气值和渗透系数。率定实验装置的示意图如图 2-5 所示，率定试验结果见表 2-1。率定试验原理及试验步骤参见文献[166]，这里不再赘述。

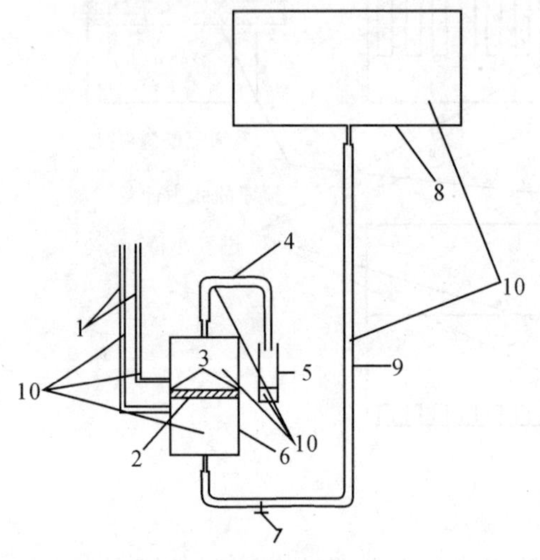

1-测压管，2-多孔砂浆块，3-涂703胶止气，4-出水管，5-集水量筒，6-有机玻璃筒，7-流量控制阀，8-稳压水箱，9-进水管，10-水．

测渗透系数的实验装置示意图

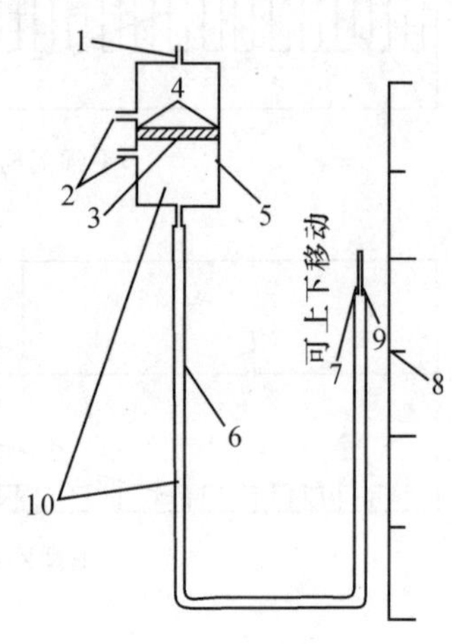

1-通大气，2-填703胶止气，3-多孔砂浆块，4-涂703胶止水止气，5-有机玻璃筒，6-进水管，7-玻璃管，8-标尺，9-玻璃管中的水面，10-水．

测进气值的实验装置示意图

图 2-5　毛细隔栅材料的率定实验装置示意图

根据表 2-1 的结果并综合考虑毛细隔栅的要求(良好的导水性和较高的进气值)可知，在上述六种不同砂粒径、不同配合比的多孔砂浆块中选取粒径范围为

0.315～0.63mm，配合比为1.33∶1∶5.00的多孔砂浆块作为裂隙非饱和渗流试验中的毛细隔栅最合适。本实验装置即是选取这种粒径和配比的多孔砂浆块作为毛细隔栅的。

按要求的砂粒径范围筛分好砂，按要求的配合比，根据毛细隔栅的外形尺寸和进气小槽的尺寸及间距（见图2-4）浇筑多孔砂浆块，养护14天后即制作成了毛细隔栅。

升降系统由支架、用于放置裂隙的平台及手动（或电动）旋转装置等组成（具体见实物图2-9），用于抬升和降低裂隙位置，以获得所需的毛细压力。

表2-1　不同砂粒径、不同配合比的多孔砂浆块的渗透系数和进气值

砂粒径（mm）	配合比（水∶水泥∶砂）	渗透系数（cm/s）	进气值（cm水头）
0.315～0.63	1.00　1　4.50	2.6×10^{-5}	200
	1.33　1　5.00	8.2×10^{-5}	180
	1.67　1　6.00	9.8×10^{-5}	145
	2.00　1　6.50	1.25×10^{-4}	120
0.25～0.315	1.50　1　5.00	2.8×10^{-5}	>250
	2.00　1　6.00	3.6×10^{-5}	220

注：表中进气值是指对应于最大孔径的孔隙开始排水的毛细压力值。

张力计用于测量裂隙内水相的负压力（即毛细压力），其工作原理见文献[167]，这里不再赘述。在本实验装置中，用高进气值的多孔砂浆柱塞代替一般张力计中的陶土头，以适应尺寸要求。为准确测求张力计中水量的变化量，试验时用读数显微镜来读取张力计中水面的位置。本实验装置中的张力计的量程为－100cm水头～＋100cm水头，精度为0.1cm水头。此外，为确保试验精度，在张力计中的水面以上加一层煤油以防止水分蒸发。

定水头集水系统中较高的有机玻璃筒内装满水，用来维持定水头。较矮的有机玻璃筒用来收集通过裂隙的水。

定水头集水系统中的高精度电子天平b用于量测集水玻璃筒和其内水的质量，以测算给定时段内所收集到的水的质量，再换算为水的体积。其量程和精度应能满足试验的量测范围要求和精度要求。

进水端和出水端的端帽示意图如图2-6所示，其实物图参见图2-10。端帽的尺寸与裂隙的尺寸相匹配。它是裂隙与供水、集水系统之间的有机结合部，主要用于放置毛细隔栅，使毛细隔栅与裂隙侧面能紧密接触。端帽与裂隙间的止水用橡胶垫圈。进水端端帽上设有进水管和通气孔，并预留有接测压装置的孔，出水端端帽上设有出水管和通气孔，并预留有接测压装置的孔，其中通气孔与毛细隔栅的进气小槽连通，可使裂隙内气相压力等于大气压。

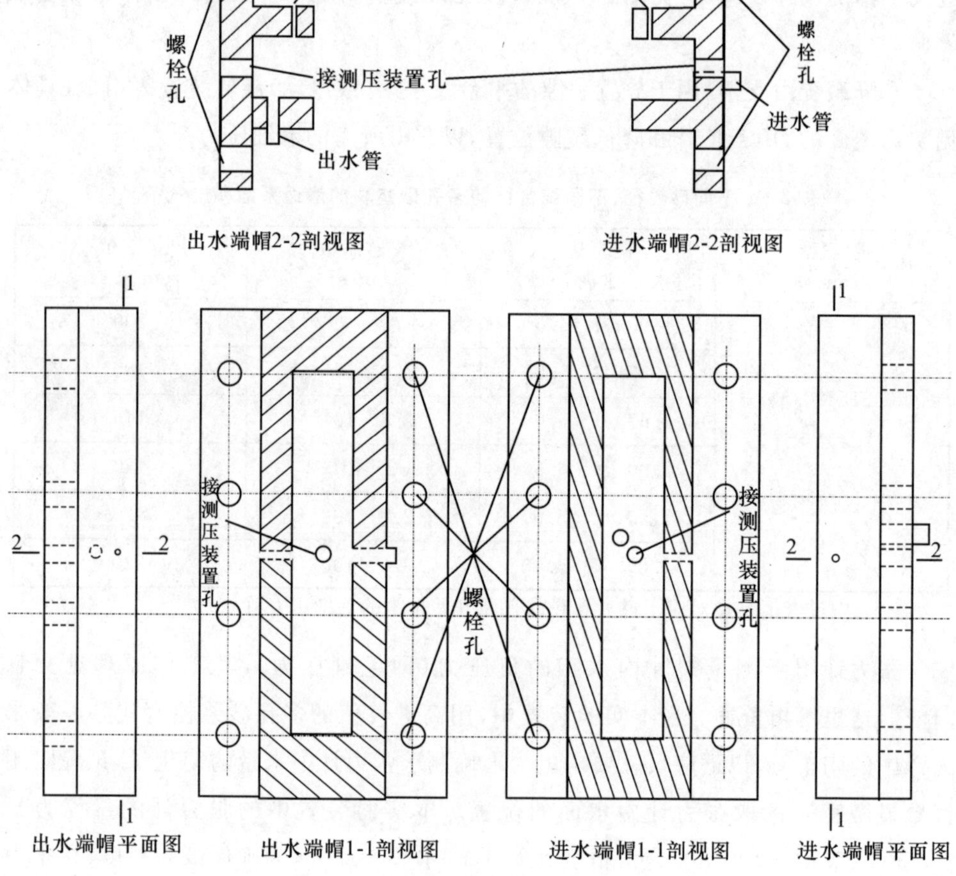

图 2-6　进水和出水端帽示意图

(三)装置功用

上述非饱和渗流实验装置的主要功用有：

(1)测定单裂隙排水和吸水时的毛细压力与饱和度的关系。

(2)测定单裂隙排水和吸水时的非饱和渗透系数与毛细压力的关系。

(3)上述试验结果可用于研究单裂隙非饱和渗流的机理和基本水力特性。

(四)注意事项

用上述实验装置来测定单裂隙非饱和水力参数时需注意以下几点：

(1)要做好进、出水端端帽与裂隙之间的止水、止气。

(2)为使毛细隔栅能与裂隙紧密接触,需在毛细隔栅与裂隙之间垫几层柔软的滤纸。

(3)由于是通过测量水的质量再换算为水的体积,而且水的物理特性参数又与温度密切相关,故为确保试验结果的精度,在整个试验过程中应做好温控,保持恒温。

(4)要做好整个实验装置的密封工作,以杜绝漏水并最大限度地减少水分蒸发量,确保试验成果的精度。

(5)为能测到具代表性的水相负压力,张力计连接管头的多孔砂浆柱塞要有合适的尺寸并能阻止气相通过它的流动。

(6)要做好毛细隔栅和裂隙的饱水工作(一般采取抽气再注水使之饱和)。

二、试验原理及试验步骤

(一)试验原理

本试验基于动力法原理来测定单裂隙毛细压力～饱和度以及非饱和渗透系数～毛细压力的关系。基本原理如下:首先让裂隙和毛细隔栅等饱水,在定水头差作用下(此时裂隙内水相压力为正值),测得给定时段内通过裂隙的水量,再根据达西定律和裂隙的平均开度、长度以及宽度,求得裂隙的饱和渗透系数。抬升裂隙位置,使裂隙内水相压力变为某个负值,由毛细吸持理论可知,裂隙将开始排水。从抬升开始时刻开始,测算相邻的若干个相同时段内供水水量、集水水量和张力计中的水量变化量直至稳定流动状态(当某个时段内供水水量等于集水水量和张力计中的水量变化量之和时即认为流动已达稳定状态)。由水量平衡原理可知,供水水量与集水水量和张力计中的水量变化量之和的累计差值即为裂隙在该级毛细压力作用下所排出的水量,根据裂隙的饱和含水量,可求得该级毛细压力所对应的裂隙饱和度。流动稳定后测得给定时段内通过裂隙的水量,再根据达西定律和裂隙的平均开度、长度以及宽度,可求得裂隙在该级毛细压力下的非饱和渗透系数。重复上述步骤,即可测求得一系列裂隙排水时的毛细压力与饱和度以及非饱和渗透系数与毛细压力的关系数据点。同理,从裂隙最高位置开始,逐级降低裂隙位置(裂隙将开始吸水),可测求得一系列裂隙吸水时的毛细压力与饱和度以及非饱和渗透系数与毛细压力的关系数据点。

如图 2-1,某个裂隙位置对应的裂隙内水相的毛细压力 h_c 为:

$$h_c = \frac{h_1 + h_2}{2} \tag{2-1}$$

式中：h_1 为裂隙面与进水侧张力计中水位的高差，即裂隙进水侧的毛细压力；h_2 为裂隙面与出水侧张力计中水位的高差，即裂隙出水侧的毛细压力；h_c 为裂隙内水相的平均毛细压力值。

当裂隙由位置 1（对应的毛细压力为 h_{c1}）抬升（或降低）至位置 2（对应的毛细压力为 h_{c2}）时，由毛细吸持理论可知，裂隙将排水（或吸水），其内水流需经过一段时间后才能达到新的稳定流动状态。记 gw_1、gw_2、…、gw_n 为抬升（或降低）开始时至裂隙内水流达到新的稳定流动状态后，n 个相邻时段内的供水水量（由时段初和时段末电子天平 a 的读数的差值换算而得）；jw_1、jw_2、…、jw_n 为抬升（或降低）开始时至裂隙内水流达到新的稳定流动状态后，n 个相邻时段内的集水水量（由时段初和时段末电子天平 b 的读数的差值换算而得）；zw_1、zw_2、…、zw_n 为抬升（或降低）开始时至裂隙内水流达到新的稳定流动状态后，n 个相邻时段内张力计中水量的变化量（根据时段初和时段末两个张力计中水位的变化值求得，增大为正）。根据水量平衡原理，毛细压力由 h_{c1} 变为 h_{c2} 后，即对应于毛细压力 h_{c2} 的裂隙排水量（或吸水量）$\Delta\theta$ 为：

$$\Delta\theta = |(jw + zw) - gw| \tag{2-2}$$

式中：$jw = jw_1 + jw_2 + \cdots + jw_n$，$zw = zw_1 + zw_2 + \cdots + zw_n$，$gw = gw_1 + gw_2 + \cdots + gw_n$。

同上，改变裂隙位置高程可求得一系列毛细压力与裂隙排水量（或吸水量）的关系数据点。

要求得每级毛细压力所对应的饱和度，还需知道裂隙的饱和含水量。对天然岩体裂隙而言，由于岩块的含水量较之裂隙的含水量要大的多，故传统的用于测定多孔介质含水量的方法（如中子水分仪法，χ 射线衰减法等）不能用于测量裂隙的饱和含水量。这里采用文献[16]中的做法，即累计各级毛细压力下的排水量，再乘以 1.05（天然裂隙的束缚水饱和度一般为 5%左右[16]，故乘以 1.05）作为裂隙的饱和含水量。根据饱和含水量和各级毛细压力下裂隙的排水量（或吸水量），就可求得某级毛细压力对应的裂隙饱和度。

每级毛细压力下，待流动稳定后，测得给定时段内通过裂隙的水量，即可求得一系列裂隙排水（或吸水）时的非饱和渗透系数与毛细压力的关系数据点。

饱和（或非饱和）渗透系数 k 的计算公式如下：

$$\begin{cases} k=\dfrac{wl}{tab(h_1-h_2)} & \text{饱和状态}(h_1>h_2\geqslant 0) \\ k(h_c)=\dfrac{wl}{tab(h_1-h_2)} & \text{非饱和状态}(h_2<h_1<0) \end{cases} \tag{2-3}$$

式中：w 为时段 t 内通过裂隙的水量(cm^3)；l 为裂隙长度(cm)；a 为裂隙宽度(cm)；b 为裂隙的平均开度(cm)，这里指的是力学开度；h_1、h_2 意义同式(2-1)。

(二)试验步骤

根据上述试验原理拟定的非饱和渗流试验步骤如下：

(1)按图 2-1 组装好实验装置，组装过程中要特别注意毛细隔栅与裂隙间的紧密接触(在两者间垫几层柔软的滤纸)。

(2)抽气并注水饱和毛细隔栅、裂隙和过水管道等，检查装置是否漏水，直至装置密封完好后，开始试验。

(3)固定供水和集水系统的位置，即固定供水和集水水位，再调整裂隙位置，使之低于进、出水侧张力计中的水位，待水流稳定后，测算出给定时段内通过裂隙的水量，同时记录下进、出水侧张力计中的水位，根据式(2-3)算得饱和渗透系数。

(4)抬升裂隙位置，使裂隙面高于进、出水侧张力计中的水位(即让裂隙内水相压力变为某个负值)，记录下此时的 h_1 和 h_2，根据式(2-1)求得毛细压力。

(5)从抬升裂隙时刻开始，每隔 30 分钟读取一次供水水量、集水水量和进出水侧张力计中的水位(为保证精度，用读数显微镜来读取张力计中的水位)，直至达到稳定流动状态，计算出供水水量与集水水量和张力计中水量变化量之和的累计差值得该级毛细压力下的裂隙排水量，根据裂隙的饱和含水量，求得该级毛细压力下的裂隙饱和度。

(6)待流动稳定后，测得给定时段内通过裂隙的水量，根据式(2-3)求出该级毛细压力下的非饱和渗透系数。

(7)继续抬升裂隙位置，即增大毛细压力，重复步骤(4)～(6)，测求得一系列单裂隙排水时的毛细压力～饱和度以及非饱和渗透系数～毛细压力的关系数据点。

(8)同理，从裂隙的最高位置开始，逐步降低裂隙的位置，即逐级减小毛细压力，测求得一系列单裂隙吸水时的毛细压力～饱和度以及非饱和渗透系数～毛细压力的关系数据点。

三、"S－H"裂隙模型试验

为检验上述实验装置的可信度、试验原理的正确性以及试验方法和试验步骤的合理可行性，同时也为研究单裂隙非饱和渗流的机理，特在上述实验装置上进行了裂隙概化模型的非饱和渗流试验。

（一）"S－H"裂隙模型

为了更好地进行实验装置可信度和试验原理正确性的检验，同时也为了便于研究单裂隙非饱和渗流的机理，并使研究成果更具说服力，特设计了一阶梯开度的裂隙概化模型，称之为"S－H"裂隙模型，而没有选用前人在研究裂隙渗流特性时经常采用的玻璃平板模型（过于简化，离天然裂隙太远，研究成果不具说服力），或石块、混凝土块叠合而成的裂隙模型（过于复杂，很难确定其开度分布情况，难以实现裂隙非饱和渗流机理规律性的基础研究，也不便用于检验实验装置的可信度和试验原理及方法等的正确性）。

"S－H"裂隙模型由两块钢板叠合而成，其中下板为一平整光滑的钢板，而在上板上开了 5 级不同深度不同宽度的阶梯面。这样叠合而成的裂隙模型就具有 5 级不同的开度，可以近似模拟天然裂隙的变开度。"S－H"裂隙模型的示意图如图 2-7 所示，具体尺寸详见图 2-8，其实物图如图 2-10 所示。

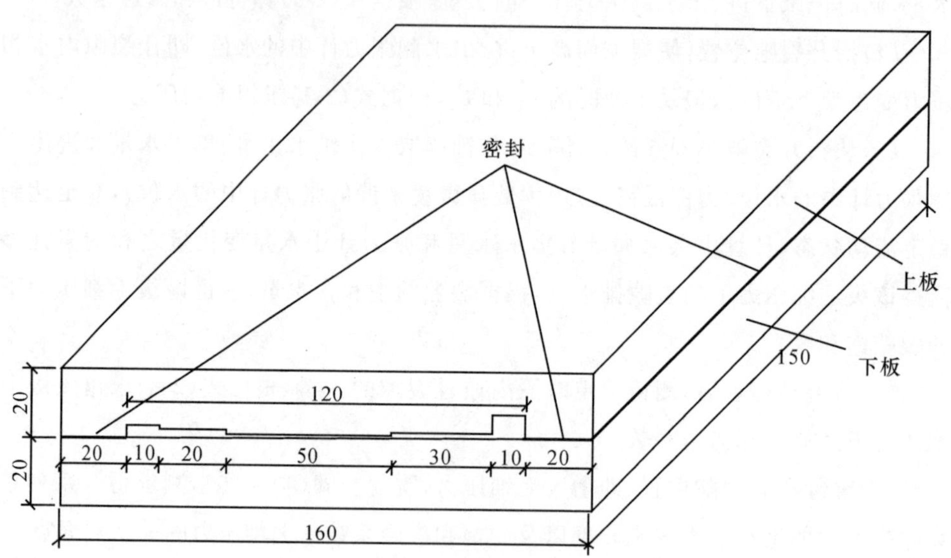

图 2-7 "S－H"裂隙模型示意图（图中所有尺寸的单位均为 mm）

通过"S－H"裂隙模型各级开度开始排（吸）水的毛细压力、排（吸）水后的饱和度以及渗透系数的理论预测值与试验值的对比可检验实验装置的可信度和试验原理的正确性（具体见本节后面的"试验结果及分析"）。而上述理论预测值的精度及可靠度直接依赖于对"S－H"裂隙模型开度分布的确知程度。如果"S－H"裂隙模型的下板面及上板的各个阶梯面能严格做到绝对的平整和光滑，那么由它们叠合

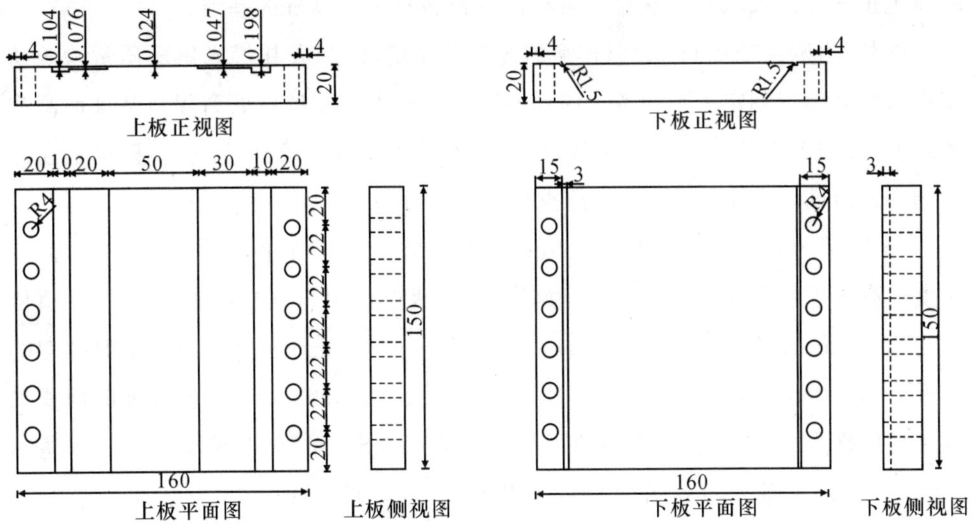

图 2-8 “S－H”裂隙模型详图(图中所有尺寸的单位均为 mm)

而成的裂隙模型就具有 5 级不同开度，且各级开度均严格等于某个已知值，这样在完全确知该裂隙模型的开度分布后，根据现有的理论就能获得相当精确和可靠的理论预测值。但这仅仅是一种非常理想的情况，由于制作工艺和技术所限，实际上是做不到的。

退而求其次，要求“S－H” 裂隙模型的下板面及上板的各个阶梯面均有很高的平面度和光洁度。其中平面度的精度等级要求达到 0 级(级别意义按 GB4986－85[168])；光洁度要求达到 7 级(级别意义按 GB1031－68[169])，即要求轮廓算术平均偏差 R_a 值为 0.8～1.25μm(参数意义按 GB/T1031－1995[169])。虽然不能做到每级开度都严格等于某个已知值，但若能达到上述要求就可以确保每级开度的上下浮动值在±5μm 以内，不会影响最终检验成果的可信度。由于下板面为一平面，上述要求容易实现；而上板面是由深度及宽度各异的 5 个阶梯面所组成的，故加工存在较大的难度。为确保达到上述质量要求，特委托老牌军工企业—中国航天南京晨光集团来加工“S－H”裂隙模型的下板面及上板的各个阶梯面。

为检查“S－H” 裂隙模型下板面及上板的各个阶梯面的平面度和光洁度是否满足要求，特委托晨光集团质量检验所(江苏省计量系统定点检测单位)进行了严格的检测。检测结果表明，下板面及上板的各个阶梯面的平面度公差均小于 5.0μm(参数意义按 GB4986－85)，即平面度均达到了 0 级标准；轮廓算术平均偏差 R_a 值介于 0.4～0.63μm 之间，轮廓最大高度 R_y 值小于 1.25μm(参数意义按 GB/T1031－1995)，即光洁度均达到了 8 级标准。这为下一步实验装置可信度、试验原理正确性以及试验方法合理可行性的检验打下了良好的基础。

此外,为确定"S－H"裂隙模型的开度分布情况,又委托晨光集团质量检验所使用三维坐标仪测定了上板各个阶梯面和下板面上的某些点处高程与基准面高程的差值(其中上板的每个阶梯面各取 3 个测点,下板面取 5 个测点)。根据上述点处的高差值即可定出"S－H"裂隙模型的开度分布。

"S－H"裂隙模型的各级开度值根据测量结果定出(取各个阶梯面上 3 个测点深度的算术平均值作为"S－H"裂隙模型的各级开度值),从左到右,5 级开度值依次为 0.104mm、0.076mm、0.024mm、0.047mm、0.198mm。"S－H"裂隙模型的长度 l=15.0cm,宽度 a=12.0cm,平均开度 b=0.00596cm(取 5 级开度的面积加权平均值作为"S－H"裂隙模型的平均开度值)。"S－H"裂隙模型的总含水量为 1.073cm^3,从左到右,5 级开度的含水量依次为 0.156cm^3、0.228cm^3、0.180cm^3、0.212cm^3、0.297cm^3。

"S－H"裂隙模型可用于研究裂隙非饱和渗流特性与一些本质影响因素间的关系,如温度、流体特性等。这里主要通过对它进行非饱和渗流试验来检验实验装置的可信度和试验原理等的正确性,并初步探索单裂隙非饱和渗流的基本机理。

(二)试验装置

"S－H"裂隙模型非饱和渗流试验装置实物图如图 2-9 所示。其组成部分的性能分述如下:

试验采用自制的马氏瓶供水,马氏瓶放置在高精度电子天平 a 的托盘上,其供水水量通过高精度电子天平 a 来测算。马氏瓶的最大净容水量为 300.0g,能满足连续试验的要求(整个排水和吸水试验过程大致需 290.0g 的水量)。

常水头供水系统中的电子天平 a 为上海天平厂生产的 MP502B 型大量程高精度电子天平。天平量程为 500.00g,能满足连续试验的要求(马氏瓶装满水后的总重量为 495.0g);感量为 0.01g,能满足试验的精度要求("S－H"裂隙模型分为 5 级不同开度,各级开度的含水量介于 0.15g～0.30g 之间,精确到 0.01g 已能满足精度要求)。

裂隙模型、进出水端端帽和毛细隔栅的实物图见图 2-10,毛细隔栅置于端帽中。端帽和毛细隔栅的尺寸与"S－H"裂隙模型的尺寸相匹配。

升降系统的支架由两根 1.5m 长的光杆(直径为 20.0mm)及上下固定钢板组成。旋转装置由一个涡轮和一根 1.2m 长的螺杆(直径为 20.0mm)组成。螺杆上端支撑着放置裂隙概化模型的平台。通过手动旋转涡轮的手柄来抬升或降低"S－

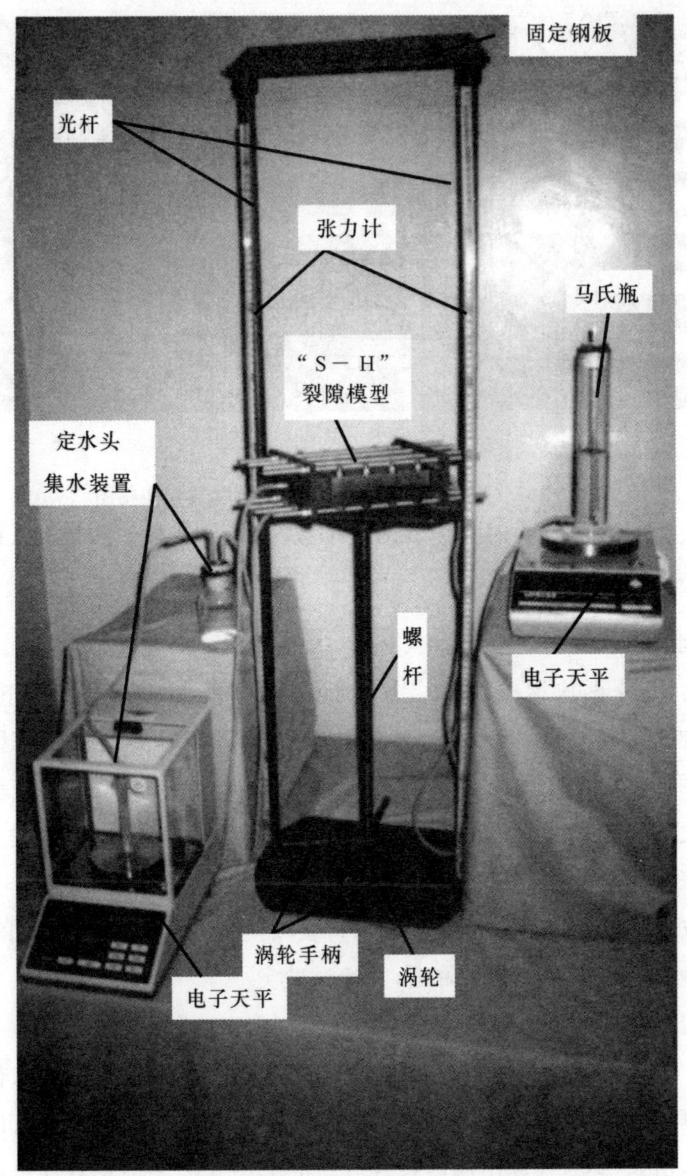

图 2-9 “S－H”裂隙模型非饱和渗流试验装置实物图

H”裂隙模型。“S－H”裂隙模型的位置高程根据固定在光杆上的刻度尺读取。升降系统的最大升降范围为 1.1m，能满足“S－H”裂隙模型非饱和渗流试验的要求（试验最大毛细压力仅为 51.1cm，小于 1.1m）。

定水头集水系统中的电子天平 b 为上海天平厂生产的 JA3103 型高精度电子天平，其量程为 310.000g（电子天平 b 上的有机玻璃筒的重量不足 20g），精度为 0.001g，能满足试验的量测范围要求和精度要求。为与常水头供水系统中的电子

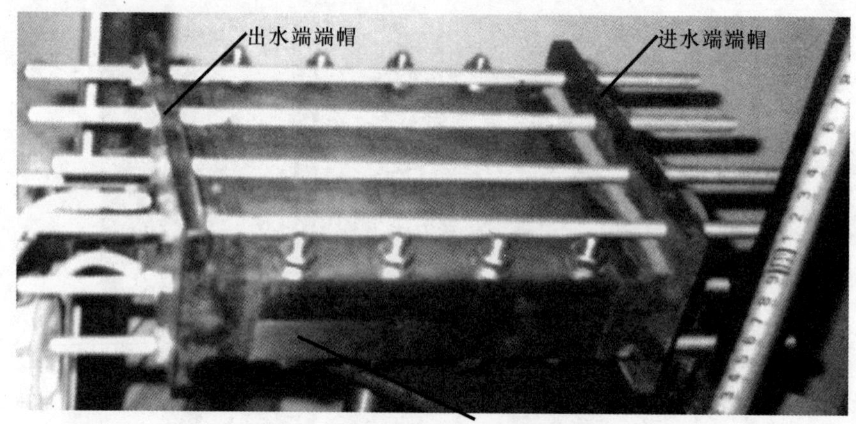

图 2-10 "S－H"裂隙模型和进出水端端帽实物图

天平 a 的精度相匹配,读数时只读取两位小数,第三位小数作四舍五入处理。

(三)试验过程

整个试验过程均在恒温实验室(20℃)中进行。试验步骤如下:

(1)叠合上、下两块钢板(见图 2-7),形成"S－H"裂隙模型。在下板的"半圆形"凹槽内置"O"形圈,旋紧螺栓固定住上、下两板以做好裂隙模型侧边的止水。

(2)按图 2-9 组装好试验装置。为使毛细隔栅与"S－H"裂隙模型能紧密接触,在两者之间垫 3 层柔软的滤纸。端帽与裂隙模型间的止水用橡胶垫圈。为防止蒸发,在张力计中的水面以上加一层煤油。

(3)抽气并注水饱和毛细隔栅、"S－H"裂隙模型和过水管道等,同时仔细检查装置是否漏水,直至装置密封完好后,开始试验。

(4)固定马氏瓶和定水头集水装置的位置,即固定供水和集水水位。通过升降系统调整"S－H"裂隙模型的位置,使之低于进、出水侧张力计中的水位。待水流稳定后,测算出 6 个给定时段内通过裂隙模型的水量,同时记录下进、出水侧张力计中的水位,由式(2-3)计算出渗透系数值。取上述 6 个渗透系数计算值的算术平均值作为"S－H"裂隙模型的饱和渗透系数。

(5)根据毛细吸持理论的 Laplace 方程、钢一水一空气界面前进和后退接触角以及"S－H"裂隙模型的各级开度值求出各级开度开始排水和吸水的毛细压力值(下称毛细压力预测值)。

(6)参考最大一级开度开始排水的毛细压力预测值来抬升"S－H"裂隙模型的位置(使裂隙模型内的水相压力等于某个负值,该负值的绝对值比毛细压力预测值小 2.0cm),并从抬升裂隙模型时刻开始,每隔 30 分钟读取一次供水水量、集水水量和进出水侧张力计中的水位(为保证精度,用读数显微镜来读取张力计中的水位),同时计算供水水量与集水水量和张力计中水量变化量之和的差值,累计3次差值(即抬升裂隙模型后90分钟内的累计排水量),若差值未达到0.01g,则说明未开始排水,继续微升裂隙模型的位置(微升步长为0.1cm),直至累计3次差值等于或大于0.01g为止,记录下此时的 h_1 和 h_2,根据式(2-1)求得毛细压力 h_c。

(7)继续每隔30分钟读取一次供水水量、集水水量和进出水侧张力计中的水位,直至达到稳定流动状态,计算出供水水量与集水水量和张力计中水量变化量之和的累计差值(从开始抬升到稳定流动状态)得该级毛细压力下的排水量 $\Delta\theta$。根据"S－H"裂隙模型的总含水量,求得该级毛细压力对应的饱和度。

(8)流动稳定后,测得6个给定时段内通过"S－H"裂隙模型的水量,根据式(2-3)求出渗透系数值。取上述6个渗透系数计算值的算术平均值作为该级毛细压力对应的非饱和渗透系数。

(9)依次参考后续开度开始排水的毛细压力预测值,继续抬升"S－H"裂隙模型的位置,即逐级增大毛细压力,重复步骤(6)～(8),测求得7个排水时的毛细压力～饱和度以及非饱和渗透系数～毛细压力的关系数据点。

(10)同理,从"S－H"裂隙模型的最高位置开始,参考各级开度开始吸水的毛细压力预测值,逐步降低裂隙模型的位置,即逐级减小毛细压力,测求得7个吸水时的毛细压力～饱和度以及非饱和渗透系数～毛细压力的关系数据点。

(四)试验结果及分析

"S－H"裂隙模型非饱和渗流的试验结果汇总于表2-2。

为检验上述试验装置、试验原理以及试验方法的合理可行性,特对"S－H"裂隙模型各级开度开始排(吸)水的毛细压力值、排(吸)水后的饱和度以及渗透系数值进行了理论预测。预测时假设"S－H"裂隙模型的5级开度均为一常量,所依据的开度值为量测值,见图2-8。预测方法分述如下:

根据毛细吸持理论,各级开度开始排(吸)水的毛细压力值可按下式计算:

$$h_c=\frac{2\sigma\cos\alpha}{\rho g b} \tag{2-4}$$

式中:h_c 为开度 b 开始排(吸)水的毛细压力(cm水头);b 为开度值(cm);g 为重力加速度(cm/s^2),$g=979.0cm/s^2$;α 为接触角(°),对钢－水－空气系统,查文献[170]得排水时的 $\alpha=50°$,吸水时的 $\alpha=57°$;σ 为水气界面张力(N/cm),20℃时,$\sigma=7.275\times10^{-4}$ N/cm(即 $72.75g/s^2$);ρ 为水的密度(g/cm^3),20℃时,$\rho=0.9982g/cm^3$。

表 2-2 “S－H”裂隙模型非饱和渗流试验结果

试验过程	毛细压力（cm 水头）	排(吸)水量（cm^3）	饱和度	渗透系数（$\times10^{-3}$ cm/s）
排水过程	饱和		1.0	989.10
	4.29	0.01	0.991	987.74
	4.67	0.28	0.729	217.55
	8.84	0.15	0.589	114.57
	12.12	0.22	0.384	34.96
	19.63	0.21	0.189	6.65
	38.44	0.17	0.031	0.011
	51.10	0.01	0.021	0.009
吸水过程	35.58	0.01	0.031	0.012
	18.17	0.16	0.180	6.36
	11.29	0.20	0.366	33.24
	8.21	0.22	0.571	109.32
	4.37	0.15	0.711	211.20
	4.12	0.28	0.972	946.97
	0.0	0.02	0.990	949.28

“S－H”裂隙模型各级开度排空(吸满)水的排(吸)水量等于各级开度所含的水量，各级开度排(吸)水后的饱和度根据总含水量和累计排水量来计算。

把“S－H”裂隙模型离散成许多个等大小的裂隙局域(其开度为一定值且远小于裂隙局域的边长，这里边长至少是开度的 50 倍)，假设每个裂隙局域内立方定理成立，即其渗透系数可按式(2-5)计算。用本章第四节中将要介绍的数值试验法可求得各级开度排(吸)水后的渗透系数值。

$$k_f=\frac{gb^2}{12\nu} \tag{2-5}$$

式中：k_f 为裂隙局域的渗透系数(cm/s)；ν 为水的运动粘滞系数(cm^2/s)，20℃时，$\nu=1.007\times10^{-2}cm^2/s$；$g$、$b$ 的意义同式(2-4)。

“S－H”裂隙模型各级开度开始排(吸)水的毛细压力、排(吸)水后的饱和度以及渗透系数的预测值见表 2-3 和表 2-4。为便于和预测值相比较，将实测值和预测值一并列于表 2-3 和表 2-4 中。为更客观地比较，排水过程中毛细压力 $h_c=4.29$cm 水头对应的排水量归并入 $h_c=4.67$cm 水头时的排水量。理由如下：计算毛细压力预测值所依据的开度值是一平均值，实际上各级开度并非为一定值，因为下板面和上板的各个阶梯面并非绝对的平整和光滑；拿最大一级开度来说，尽管各处的开度值均接近于0.198mm，但仍存在开度大于0.198mm的部位，这些部位将首先开始排水。同理吸水过程中毛细压力 $h_c=4.12$cm 水头对应的吸水量归并入 $h_c=0.0$cm 水头时的吸水量。

表 2-3 "S—H"裂隙模型毛细压力、饱和度以及渗透系数实测值与预测值的比较(排水过程)

参数 \ 序号		饱和	1	2	3	4	5	6
毛细压力	实测值 (cm 水头)		4.67	8.84	12.12	19.63	38.44	51.10
	预测值 (cm 水头)		4.83	9.20	12.59	20.36	39.88	
	相对差值		−3.43%	−4.07%	−3.88%	−3.72%	−3.75%	
饱和度	实测值	1.0	0.729	0.589	0.384	0.189	0.031	0.021
	预测值	1.0	0.723	0.578	0.365	0.168	0.0	0.0
	相对差值	0.0%	0.82%	1.87%	4.95%	11.11%	100%	100%
渗透系数	实测值 ($\times10^{-3}$cm/s)	989.10	217.55	114.57	34.96	6.65	0.011	0.009
	预测值 ($\times10^{-3}$cm/s)	1149.27	269.97	142.55	43.11	7.83	0.0	0.0
	相对差值	−16.2%	−24.1%	−24.4%	−23.3%	−17.7%	100%	100%

表 2-4 "S—H"裂隙模型毛细压力、饱和度以及渗透系数实测值与预测值的比较(吸水过程)

参数 \ 序号		1	2	3	4	5	6
毛细压力	实测值 (cm 水头)	35.58	18.17	11.29	8.21	4.37	0.0
	预测值 (cm 水头)	33.79	17.25	10.67	7.80	4.09	0.0
	相对差值	5.03%	5.06%	5.49%	4.99%	6.41%	0.0%
饱和度	实测值	0.031	0.180	0.366	0.571	0.711	0.990
	预测值	0.0	0.168	0.365	0.578	0.723	1.0
	相对差值	100%	6.67%	0.27%	−1.23%	−1.69%	−1.01%
渗透系数	实测值 ($\times10^{-3}$cm/s)	0.012	6.36	33.24	109.32	211.20	949.28
	预测值 ($\times10^{-3}$cm/s)	0.0	7.83	43.11	142.55	269.97	1149.27
	相对差值 (%)	100%	−23.1%	−29.7%	−30.4%	−27.8%	−21.1%

表2-3和表2-4中的相对差值的计算公式为：相对差值 $=\dfrac{\text{实测值}-\text{预测值}}{\text{实测值}}$

×100%。

由表 2-3 和表 2-4 可以看出，毛细压力和饱和度的实测值与预测值比较接近，相对差值大多在 5%以内；而渗透系数的实测值与预测值相差较大，相对差值大多在 20%以上。

毛细压力实测值与预测值的差异主要由以下两个原因造成：① 由于钢板表面难免会被污染，且其光洁度与文献[170]中的钢表面也不一定相同，而接触角的大小与表面清洁度和光洁度密切相关，故“S－H”裂隙模型的实际接触角不等于文献[170]中所查到的接触角；② “S－H”裂隙模型各级开度的量测值与实际值存在偏差。排水过程中，饱和度实测值与预测值的差异主要由以下两个原因造成：① 理论预测值没有考虑吸湿水和薄膜水的影响，导致预测值偏小；② “S－H”裂隙模型各级开度的量测值与实际值存在偏差。吸水过程中，饱和度实测值与预测值的差异主要由以下两个原因造成：① 理论预测值没有考虑排水结束后的束缚水以及吸水过程中空气“圈闭”的影响(由于“S－H”裂隙模型的下板面和上板的各个阶梯面并非绝对平整和光滑，下板的平面度公差为 0.005mm，上板各个阶梯面的平面度公差介于 0.003～0.005mm 之间，粗糙度也只达到 8 级标准，由它们拼合而成的裂隙模型难免会存在被小开度包围的大开度，故存在圈闭空气也是难以避免的)，导致开始吸水时预测值偏小，以后预测值又将偏大；② “S－H”裂隙模型各级开度的量测值与实际值存在偏差。渗透系数的实测值与预测值相差较大是由于渗透系数预测值对开度相当敏感(渗流量预测值与开度的三次方成正比，这里的渗透系数预测值等于渗流量除以一定值)，而开度又很难测准。举个例子来说，若实际开度为 0.0095cm，由于测量误差，当量测的开度为 0.010cm 时(相对误差仅为 5.2%)，对应的渗透系数预测值相对误差将达 16.7%。造成渗透系数实测值与预测值存在较大差异的主要原因如下：① 由于“S－H”裂隙模型各级开度的量测值与实际值存在偏差；② 由于吸湿水和薄膜水的存在会减小实际过水断面的面积；③ 由于上板的各个阶梯面和下板面并非绝对平整和光滑，故由它们叠合而成的“S－H”裂隙模型各级开度并非为一定值，过流通道或多或少地存在迂曲。以上几个原因都将导致渗透系数预测值比实测值大。

根据以上分析可以判断，所研制的实验装置是可靠的，试验原理是正确的，试验方法也是合理可行的。

为进一步阐述“S－H”裂隙模型非饱和渗流的机理，并对天然裂隙非饱和渗流的基本水力特性有更深的感性认识，根据上述试验结果(表 2-2)给出了“S－H”裂隙模型排水和吸水过程的毛细压力～饱和度以及非饱和渗透系数～毛细压力的关系曲线，如图 2-11 和图 2-12 所示。“S－H”裂隙模型的开度不是连续变化的，而是阶梯变化的，故“S－H”裂隙模型的毛细压力～饱和度以及非饱和渗透系数～毛细压力的关系曲线实际上是阶梯状的。这里为了更清楚地表示出裂隙非饱和渗流的基本水力特性，同时也为了便于阐述非饱和渗流的机理，特将上述两条曲线平滑化。

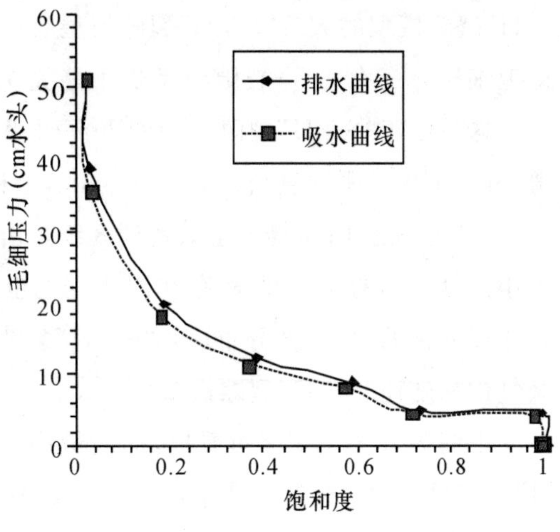

图 2-11　排水和吸水过程的毛细压力～饱和度关系

从图 2-11 可看出，“S－H”裂隙模型排水时存在进气值(进气值是指最大开度开始排水时对应的毛细压力值)，大约为 4.0cm 水头。由于天然

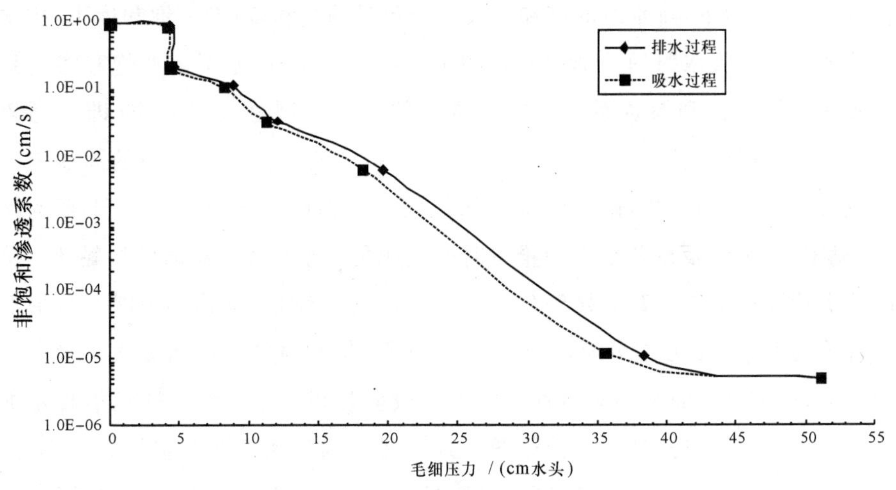

图 2-12　排水和吸水过程的非饱和渗透系数～毛细压力关系

裂隙的最大开度一般大于“S－H”裂隙模型的最大开度，故天然裂隙的进气值较“S－H”裂隙模型的小。当毛细压力达到 51.1cm 水头时，“S－H”裂隙模型仍具有一定的饱和度(大约为 0.02)，该饱和度称为束缚水饱和度。在这里，束缚水饱和度对应的水主要是吸湿水和薄膜水，因为当毛细压力 $h_c=38.44$cm 时，“S－H”裂隙模型的最小一级开度都已排水，这说明吸湿水和薄膜水对束缚水饱和度有较大的贡献。对天然裂隙来说，束缚水饱和度对应的水除了吸湿水和薄膜水之外，还包括很小的开度中所含的水以及被圈闭的水[16]，故天然裂隙的束缚水饱和度一般比“S

－H”裂隙模型的大。“S－H”裂隙模型吸水时，存在残余气饱和度(大约为0.01)，即毛细压力变为0后，裂隙模型仍不能完全饱和，在吸水过程中“圈闭”了一些空气。这是由于“S－H”裂隙模型的下板面和上板的各个阶梯面并非绝对平整和光滑(其中下板的平面度公差为0.005mm，上板各个阶梯面的平面度公差介于0.003～0.005mm之间；粗糙度也只达到8级)，由它们拼合而成的裂隙模型难免会存在被小开度包围的大开度，故存在圈闭空气也是难以避免的。由于天然裂隙的开度是连续变化的，且开度分布远较“S－H”裂隙模型的复杂，可以想象，天然裂隙的残余气饱和度比“S－H”裂隙模型的要大。

由图2-12和表2-2可看出，即使最小一级开度已排水或还未开始吸水，“S－H”裂隙模型的非饱和渗透系数也不为0，这主要是由于薄膜水参与了流动。这表明在饱和度很小时，薄膜水对非饱和渗透系数有不可忽视的贡献，这与文献[75－77]的试验结果相一致。

由图2-11和图2-12可以看出，裂隙排水过程与吸水过程之间存在滞后现象。即：同一毛细压力下，排水时的饱和度大于吸水时的饱和度；同一饱和度下，排水时的毛细压力大于吸水时的毛细压力。同一毛细压力下，排水时的非饱和渗透系数大于吸水时的非饱和渗透系数。造成滞后的一个原因是雨点效应(即接触角滞后)，另一个原因是笔胆效应[171]。雨点效应是指一滴雨点落在倾斜的固体表面上时，它有向下流动的趋势，雨点下部表面与固体壁面的接触角 θ_1 大于上部的接触角 θ_2(见图2-13)。反映界面向前推进时的接触角大于界面退缩时的接触角。接触角的这个特性造成排水时的接触角小于吸水时的接触角(即接触角滞后)，由毛细吸持理论的Laplace方程可知，在同一饱和度下，排水时的毛细压力大于吸水时的毛细压力，造成持水曲线的滞后现象。笔胆效应是指由于毛细管通道沿程粗细不一，存在许多瓶颈形的空隙空间(见图2-14)，排水通过颈部要花费较大的吸力，吸水时正好相反，使得在同一饱和度下，排水时的毛细压力大于吸水时的毛细压力，造成持水曲线的滞后现象。由于“S－H”裂隙模型的上下板均具有相当高的平面度和光洁度，由它们叠合而成的“S－H”裂隙模型几乎不存在瓶颈形的空隙空间，即笔胆效应造成的滞后可忽略，故“S－H”裂隙模型持水曲线的滞后现象主要是由接触角滞后造成的。这也从另一个侧面说明，由于天然裂隙存在许多瓶颈形的空隙空间，其持水曲线的滞后性必定比“S－H”裂隙模型的显著。由于饱和度越大，过水断面的面积越大，相应的非饱和渗透系数也越大，而由以上分析可知，同一毛细压力下，排水时的饱和度大于吸水时的饱和度，故在同一毛细压力下，排水时的非饱和渗透系数要大于吸水时的非饱和渗透系数，即排水过程和吸水过程的非饱和渗透系数～毛细压力关系曲线是不重合的。由于天然裂隙持水曲线的滞后性比“S－H”裂隙模型的显著，故天然裂隙的非饱和渗透系数～毛细压力关系曲线的滞后性也将比裂隙模型的显著。值得指出的是，吸、排水过程间的滞后性是客观存在的，尤其在饱和度为25%～75%范围内最为显著。一般来说，饱和度大于85%时，吸、排水过程间的滞后性将十分微弱，对于实验测量的要求更严格。

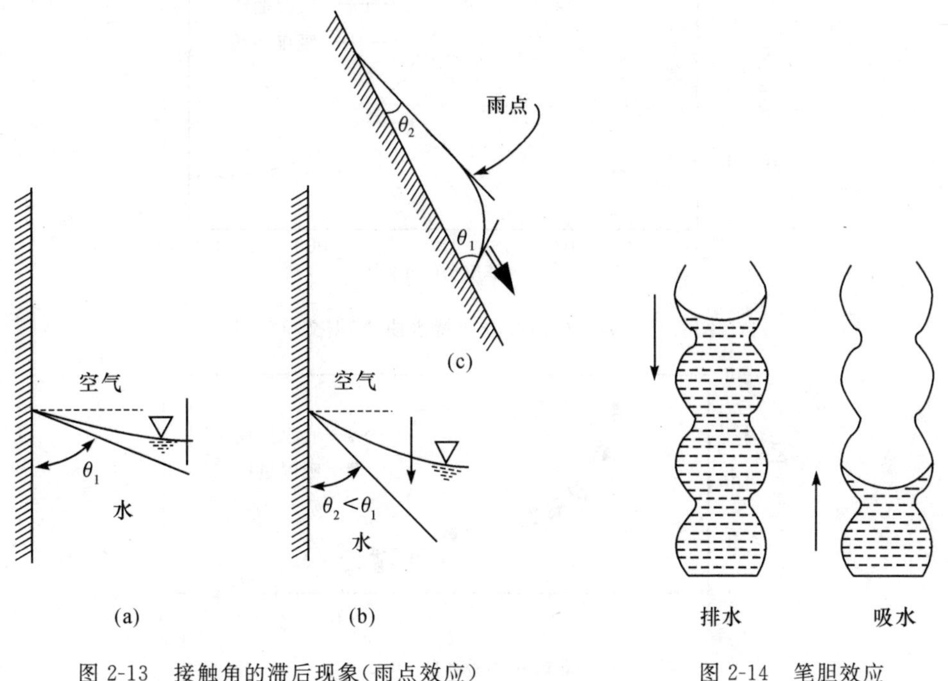

图 2-13　接触角的滞后现象(雨点效应)(据 J. Bear)[163]

图 2-14　笔胆效应

此外，由图 2-11 和图 2-12 可以看出，裂隙非饱和渗流在宏观上可分为三部分：

(1)非饱和渗流束缚区，即饱和度小于束缚水饱和度部分，在此区间内，裂隙水几乎不可移动，吸、排水的毛细压力－饱和度关系曲线近于重合，非饱和渗透系数接近于 0。

(2)非饱和渗流主导区，即介于束缚区与毛细压力达进气值之间部分，该区间内吸、排水过程间的滞后性最为明显，非饱和渗透系数随毛细压力的变化也较显著。

(3)饱和－非饱和渗流过渡区，该区间的特点是，饱和度相对较大，渗流运动以饱和为主，非饱和特征较弱，吸、排水过程极为相近，非饱和渗透系数接近于饱和渗透系数。

图 2-11 和图 2-12 的关系曲线较为全面的描述了以上三个区间。

(五)裂隙非饱和水力特性与多孔介质非饱和水力特性的对比分析

典型的多孔介质持水曲线和非饱和渗透系数～基质势关系曲线如图 2-15 和图 2-16 所示[172]。由图 2-11、图 2-12 与图 2-15、图 2-16 的对比可以看出:

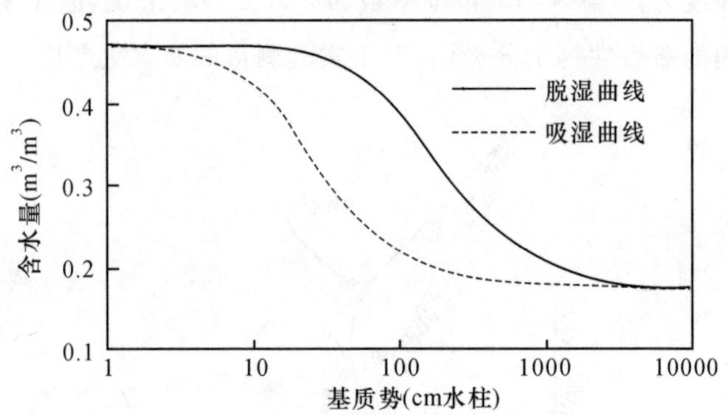

图 2-15　典型的多孔介质持水曲线(据文[172])

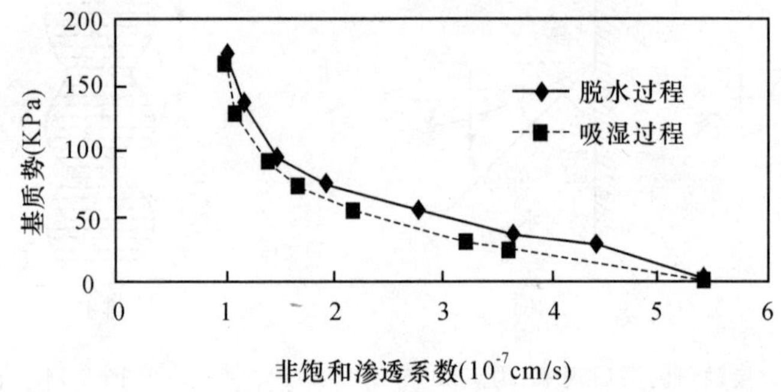

图 2-16　典型的多孔介质非饱和渗透系数～基质势关系曲线(据文[172])

(1)裂隙非饱和渗流规律宏观上具有与多孔介质相似的特点。如同多孔介质持水特性一样,不仅具有吸、排水滞后现象,而且同样存在“进气值”和“束缚水饱和度”,与多孔介质非饱和渗流的“进气值”和“束缚水含水量”相对应。这说明裂隙空间逐点变化的开度分布与多孔介质固体颗粒间形成的喉颈孔隙分布的持水机制有一定的相似性。

(2)裂隙非饱和渗流与多孔介质非饱和渗流一样,在宏观上均可分为三部分:①非饱和渗流束缚区,即饱和度小于束缚水饱和度的部分;②非饱和渗流主导区,即介于束缚区与毛细压力达进气值之间的部分;以及③饱和一非饱和渗流过渡区。

(3)裂隙非饱和渗流毛细压力与饱和度之间的关系曲线与多孔介质的持水曲线有一定的差别,其吸、排水曲线比较接近,即滞后性相对多孔介质较弱。总体上表现为,裂隙非饱和渗流较多孔介质易吸水、排水。这主要是由于两者空隙空间形状的差异所造成的。多孔介质是由许多大小不一的颗粒排列组合而成的，由颗粒间的空隙构成的多孔介质空隙空间是一典型的三维空间，其孔隙大小、形状及其分布异常复杂，存在许多瓶颈结构，故多孔介质持水曲线的滞后性是由雨点效应和笔胆效应共同作用造成的。而“S－H”裂隙模型是由两块钢板叠合而成的，其空隙空间是一二维空间，也不存在瓶颈结构，故“S－H”裂隙模型持水曲线的滞后性主要仅由雨点效应引起的。所以“S－H”裂隙模型毛细压力～饱和度关系曲线的滞后性没有多孔介质的明显是很容易理解的。由于饱和度越大，过水断面的面积也越大，相应的非饱和渗透系数也越大，而“S－H”裂隙模型持水曲线的滞后性没有多孔介质的明显；再加之“S－H”裂隙模型的渗流通道比多孔介质的渗流通道要平直的多。所以，“S－H”裂隙模型非饱和渗透系数～毛细压力关系曲线的滞后性也不如多孔介质的明显。由于天然裂隙是由两粗糙裂隙面叠合而成的，其空隙空间接近于二维空间，虽存在瓶颈结构，但没有多孔介质的复杂，其渗流通道比多孔介质的渗流通道要平直一些。故可以推断，天然裂隙的持水曲线以及非饱和渗透系数～毛细压力关系曲线的滞后性介于“S－H”裂隙模型与多孔介质之间，曲线的具体形状及其滞后性有待于通过天然裂隙的物模试验来获得。

（六）试验可重复性检验

为检验上述试验的可重复性，在做完上述试验（这里称为前次试验）后，先拆掉实验装置再重新安装好实验装置，又重新做了一次试验（这里称为后次试验），试验的毛细压力值参照前次试验选取（共计测了 6 个数据点，排水和吸水过程各 3 个点）。前后两次试验结果的比较见表 2-5。

表 2-5　前后两次试验结果对比表

试验过程	毛细压力（cm 水头）	饱和度		渗透系数（$\times 10^{-3}$ cm/s）	
		前次试验	后次试验	前次试验	后次试验
排水过程	4.67	0.729	0.733	217.55	219.16
	12.12	0.384	0.387	34.96	36.04
	19.63	0.189	0.192	6.65	7.31
吸水过程	18.17	0.180	0.184	6.36	7.09
	11.29	0.366	0.369	33.24	34.11
	4.37	0.711	0.713	211.20	212.74

由表 2-5 可看出，前后两次试验的结果相当接近，说明试验的可重复性很好。

(七)结论

综上分析可知,所研制的实验装置是可靠的,试验原理是正确的,试验方法和试验步骤也是合理可行的。通过对"S－H"裂隙模型非饱和渗流试验结果的分析,可得出下述结论:

(1)通过"S－H"裂隙模型非饱和渗流试验的检验表明,确为单裂隙非饱和水力参数的测定提供了一套合理可行的实验装置,在该装置上能同时测定单裂隙排水和吸水时的毛细压力～饱和度以及非饱和渗透系数～毛细压力的关系。

(2)"S－H"裂隙模型排水时,存在进气值和束缚水饱和度;吸水时,存在残余气饱和度。天然裂隙的空隙空间远比"S－H"裂隙模型的复杂,故天然裂隙的进气值比裂隙模型的小,其束缚水饱和度和残余气饱和度比裂隙模型的大。

(3)"S－H"裂隙模型排水过程和吸水过程间存在滞后现象,即排水曲线和吸水曲线是不重合的(见图 2-11)。在同一毛细压力下,排水时的饱和度和非饱和渗透系数均大于吸水时的饱和度和非饱和渗透系数。由于天然裂隙的空隙空间比"S－H"裂隙模型的复杂,故天然裂隙排水过程和吸水过程间的滞后性比"S－H"裂隙模型的明显。

(4)裂隙的非饱和渗流规律在宏观上相似于多孔介质的非饱和渗流规律,如存在"进气值"和"束缚水饱和度",排水和吸水过程间存在滞后现象,在宏观上均可分为三个特征区。

(5)由于裂隙的空隙空间与多孔介质的空隙空间存在较大的差异,故两者的持水曲线以及非饱和渗透系数～毛细压力关系曲线也将存在差异。如裂隙的持水曲线以及非饱和渗透系数～毛细压力关系曲线的滞后性均不如多孔介质的明显。

(6)吸湿水和薄膜水对持水曲线的影响较大。薄膜水对非饱和渗透系数有一定的贡献,尤其是在饱和度很低时。而目前的数值试验法均没有考虑吸湿水和薄膜水的作用,故数值试验法的结果有待于根据物模试验来修正。

(7)数值试验法的理论基础一毛细吸持理论是正确的,只不过在形成裂隙充水域时,还应考虑水和气的"圈闭"影响,在具备试验资料的情况下,最好应考虑吸湿水和薄膜水对饱和度以及薄膜水对非饱和渗透系数的贡献。

(8)由前后两次裂隙概化模型试验结果的对比可知,在上述实验装置上进行的非饱和渗流试验有很好的可重复性。

第三节　物模试验法测定单裂隙非饱和水力参数

如前所述，目前对裂隙岩体非饱和渗流的数学模型研究的较多，对如何获得准确的非饱和水力参数研究的太少。尽管各种数学模型均不是很完善，但影响模拟精度的最重要因素还是非饱和水力参数的可靠性。对裂隙岩体而言，要获得准确的非饱和水力参数，最为关键的是如何获得单裂隙的可靠的非饱和水力参数。虽然已有一些用于确定单裂隙非饱和水力参数的数值试验法，但根据上节的分析可知，均有待于通过物模试验来修正。而现有的物模试验法基本上都是拟稳态驱替试验和二相流试验，由此测定出的非饱和水力参数应用于非饱和渗流分析还存在问题。故需要提出一种可靠的测定单裂隙非饱和水力参数的物模试验法。本节将在总结上节“S－H”裂隙模型非饱和渗流试验的基础上，给出一种切实可行的测定单裂隙非饱和水力参数的物模试验法。

试验装置示意图见图 2-1，试验方法及试验步骤如下：

(1)根据进、出水端端帽的尺寸，在现场取一天然裂隙或劈裂岩块形成一裂隙，测得裂隙的长度 l、宽度 a 和平均开度 b。

(2)按图 2-1 组装好试验装置，抽气并注水饱和毛细隔栅、裂隙和过水管道等。

(3)固定供水水位和集水水位，调整裂隙位置，使之低于进、出水侧张力计中的水位，待水流稳定后，测算出 6 个给定时段内通过裂隙的水量，同时记录下进、出水侧张力计中的水位，根据式(2-3)计算渗透系数，取 6 个渗透系数值的算术平均值作为裂隙的饱和渗透系数。

(4)抬升裂隙位置，让裂隙内水相压力变为某个负压(为获得准确的进气值，开始时的负压绝对值较小且步长也较小)，记录下此时的 h_1 和 h_2，根据式(2-1)求得此时的毛细压力 h_c。从抬升裂隙时刻开始，每隔 30 分钟测取一次供水水量、集水水量和进、出水侧张力计中的水位(为保证精度，用读数显微镜来读取张力计中的水位)，直至达到稳定流动状态，由式(2-2)计算出供水水量 gw_i 与集水水量 jw_i 和张力计中水量变化量 zw_i 之和的累计差值得该级毛细压力对应的裂隙排水量 $\Delta\theta$。待流动稳定后，测得 6 个给定时段内通过裂隙的水量，根据式(2-3)计算渗透系数，取 6 个渗透系数值的算术平均值作为该级毛细压力对应的非饱和渗透系数。

(5)继续抬升裂隙位置，即增大毛细压力，同第(4)步，测求得一系列单裂隙排水时的毛细压力～排水量以及非饱和渗透系数～毛细压力的关系数据点。

(6)累计各级毛细压力对应的排水量,乘以1.05(假设裂隙的束缚水饱和度为5%左右)后作为裂隙的饱和含水量,再把上述毛细压力～排水量的关系数据点换算为毛细压力～饱和度的关系数据点。

(7)同理,从裂隙的最高位置开始,逐步降低裂隙的位置,即逐级减小毛细压力,测求得一系列单裂隙吸水时的毛细压力～饱和度以及非饱和渗透系数～毛细压力的关系数据点。

(8)根据上述关系数据点用多孔介质的拟合模型拟合出单裂隙排水和吸水过程的毛细压力～饱和度以及非饱和渗透系数～毛细压力的关系式。

第四节 数值试验法确定单裂隙非饱和水力参数

虽然物模试验法在研究裂隙非饱和渗流特性和机理方面具有不可替代的地位,但通过物模试验来测定单裂隙非饱和水力参数既费时又费钱,为此本节将提出一种确定单裂隙非饱和水力参数的数值试验法。

数值试验法由于其简捷、易行等优点,已为许多研究者所青睐[32]。目前,用数值试验法确定单裂隙非饱和水力参数的一般做法是[35,74,173]:先根据裂隙开度分布类型,抽样生成一随机裂隙样本(或根据裂隙面分形维数,生成裂隙样本),或者直接取一天然裂隙,测得其开度分布情况;再将裂隙面离散成许多等大小的正方形网格,认为每一正方形网格上开度为常数,并假设离散而成的裂隙局域(每个正方形网格所对应的裂隙区域)内水流满足立方定理;然后在裂隙进、出口边界上给定适当的毛细压力值,据毛细吸持理论形成裂隙充水区域,求得饱和度;再用某种数值方法求解裂隙面内的水头场和通过该裂隙的流量值;最后应用达西定律求得非饱和渗透系数。饱和度和非饱和渗透系数所对应的毛细压力值为裂隙进、出口边界毛细压力的平均值。

由于没有考虑水和气的“圈闭”,上述做法不能模拟出裂隙排水和吸水过程间客观存在的滞后现象[57],模拟结果的准确性是值得怀疑的。为此,本节模拟方法在形成裂隙充水区域时,除依据毛细吸持理论外,还附加了一条入侵准则,即某裂隙局域是否排水,要看周围有没有充气的裂隙局域,若没有就不能排水;同理,某裂隙局域是否吸水,要看周围有没有充水的裂隙局域,若没有就不能吸水。

此外,本节模拟方法在生成裂隙开度分布情况时,可依据所提供的资料不同而采用不同的方法。一是分形几何法,若已知裂隙面分形维数、裂隙面位错值(即上下两裂隙面在地质历史时期的错距)和裂隙面上的面积接触率(裂隙接触部分面积占裂隙面总面积的百分比),则可采用该法;二是概型分布法,若已知裂隙开度的概率分布类型和分布参数,则可用该法来生成裂隙开度的分布情况。

一、分形几何法

由于裂隙面具有一定的分形特征,而裂隙本身又可看成是由上下两裂隙面叠合而成的[174,175],故可应用分形几何理论来生成裂隙开度的分布情况。分形几何法就是根据裂隙面分形维数、裂隙面位错值和裂隙面上的面积接触率,用逐次随机累加法或随机布朗函数法来获得裂隙的开度分布情况。

(一)裂隙面的分形模拟

天然岩体裂隙面是凹凸不平的,用一般的函数难以描述裂隙面的复杂形态。而分形理论可用来描述极不规则的几何图形[176],而且许多研究都表明,可用分形几何理论来模拟粗糙裂隙面[15,174]。目前,自仿射分形模型被认为是模拟天然裂隙面的最好的分形模型[177]。故这里将运用逐次随机累加法或随机布朗函数法来模拟具分形特性的裂隙面。

1. 逐次随机累加法(Successive Random Additions Method)[178]

逐次随机累加法的基本思路是:先给定一个正方形区域和4个角点的高程。再相继确定出正方形中心点和4个边中点的高程。其中中心点的高程为4个角点高程的平均值加上一随机值,同时4个角点高程也加上一随机值;边中点的高程为该边两个端点和中心点高程的平均值加上一随机值,同时中心点和边端点也加上一随机值。这样就有4个已知角点高程的正方形,重复上述步骤,直至正方形区域内有足够多的已知高程的点为止。上述附加的随机值均服从高斯分布,且根据均方差和分形维数逐次减小。逐次随机累加法模拟分形裂隙面的详细步骤参见文献[178],这里不再赘述。给定裂隙面分形维数和裂隙面上峰谷值的限定范围就可生成具分形特性的裂隙面。图2-17给出了运用逐次随机累加法模拟生成的分形裂隙面,其中裂隙面的分形维数为2.3,峰谷值限定在−5.0mm到+5.0mm之间。

2. 随机布朗函数法(Weierstrass-Mandelbrot 函数)

除上述逐次随机累加法外,还可用随机布朗函数法来模拟分形裂隙面。

由分形几何学可知[179,180],一个指数为H的随机布朗函数可按下式产生具分形特性的裂隙面。

$$Z(x,y)=\sum_{n=1}^{\infty}C_n\lambda^{-Hn}[\lambda^n(x\cos B_n+y\sin B_n)+A_n] \quad (2\text{-}6)$$

式中：C_n 为相互独立的服从标准正态分布的随机数；A_n，B_n 为相互独立的服从[0，2π]上均匀分布的随机数；$H=3-D$，D 为裂隙面的分形维数。

若已知 D，则给定一个 λ（一般 $1.0<\lambda<1.5$）就可求出任意一点 (x,y) 处的曲面高。遍布 (x,y) 就可获得具分形特性的裂隙面。

运用随机布朗函数法模拟生成的分形裂隙面如图 2-18 所示，其中裂隙面的分形维数为 2.1，参数 $\lambda=1.25$。

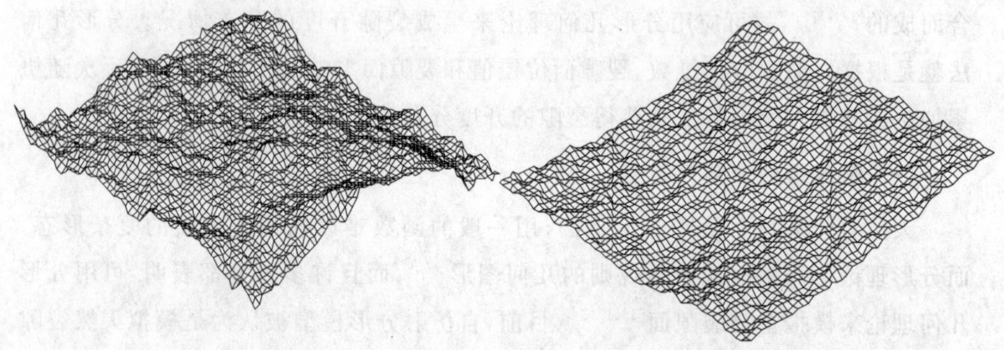

图 2-17　逐次随机累加法生成的分形裂隙面（分形维数为 2.3，峰谷值限定在－5－＋5mm）　　图 2-18　随机布朗函数法生成的分形裂隙面（分形维数为 2.1，$\lambda=1.25$）

（二）裂隙开度分布的生成

实际裂隙可看成是由两个分形裂隙面叠合而成的。若上下两裂隙面间的位错值为 $(\Delta x,\Delta y)$，则有：

$$\Delta z(x,y)=z(x+\Delta x,y+\Delta y)-z(x,y) \tag{2-7}$$

按式(2-7)产生的 $\Delta z(x,y)$ 中，有的大于 0，有的小于 0。设 $\Delta z(x,y)$ 中绝对值为最大的负数的绝对值为 Δz^*，则裂隙面的开度 $b(x,y)$ 可按下式估算：

$$b(x,y)=\Delta z(x,y)+r\Delta z^* \tag{2-8}$$

调整参数 r，使 $b(x,y)$ 满足裂隙面上面积接触率（开度小于等于 0 意味着接触）的要求，即可生成裂隙开度的分布情况。

二、概型分布法

相当多的研究表明，裂隙开度服从某种分布概型，如对数正态分布、Gamma 分布或负指数分布等[16,54,174]。若已知裂隙开度的概率分布类型和相应的分布参数，则可运用下述概型分布法来生成裂隙开度的分布情况。概型分布法就是根据裂隙开度的概率分布类型和分布参数，不考虑裂隙相邻开度之间的关联性，采用 Monte-Carlo 模拟法来获得裂隙开度的分布情况。

Monte-Carlo 随机模拟的思路为：将待模拟开度分布情况的裂隙面均匀地剖分成 N 个正方形单元。根据开度的概率分布类型和分布参数，选用合适的随机抽样方法[181,182]，抽样 N 次，将所得的 N 个随机变量值作为上述 N 个正方形单元形心点处的开度。由裂隙单元形心坐标及对应开度组成的序列(x_i, y_i, b_i) $(i=1,2,\cdots,N)$即为裂隙开度的分布情况。

例如：若裂隙开度 b 服从单参数的负指数分布，即：

$$f(b)=\lambda \mathrm{e}^{-\lambda b} \tag{2-9}$$

则可用反函数法来抽样生成开度分布情况，即可按下式抽样获得第 i 单元形心点处的开度：

$$b_i=-\frac{1}{\lambda}\ln r_i \tag{2-10}$$

式中：λ 为负指数分布的参数，等于开度均值的倒数；r_i 为[0,1]上均匀分布的随机数；$i=1,2,\cdots,N$。

对其他分布类型的随机抽样方法详见文献[182]，这里不在赘述。运用本节程序可以生成开度服从负指数分布、对数正态分布或 Gamma 分布的裂隙开度分布情况。图 2-19 给出了开度服从 $\lambda=0.01$ 的负指数分布的裂隙开度分布图。

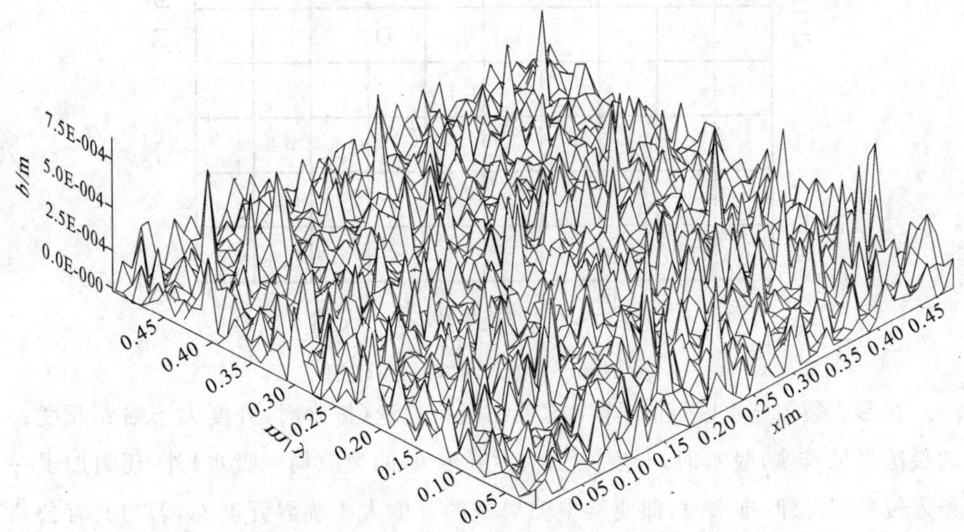

图 2-19 概型分布法生成的裂隙开度分布图(负指数分布，参数 $\lambda=0.01$)

三、单裂隙非饱和渗流的数值模拟

为模拟裂隙非饱和渗流，把上述已知开度分布情况的裂隙水平放置并离散成许多等大小的裂隙局域，如图 2-20 所示，每个网格代表一个裂隙局域。假设裂隙局域开度为一定值(取网格形心点处的开度值)。

(一)充水区域的形成

假设裂隙上、下边界为不透水边界,左、右边界为已知水头的进、出口边界(见图 2-20)。给定进、出口的毛细压力值,取其平均值作为裂隙内的毛细压力 h_c,则由毛细吸持理论的 Laplace 方程可得临界开度(毛细压力 h_c 下开始排水或吸水的开度)为:

$$b_c = \frac{2\sigma\cos\theta}{\rho g h_c} \tag{2-11}$$

式中:σ 为水一气表面张力;θ 为接触角;ρ 为水的密度;g 为重力加速度。

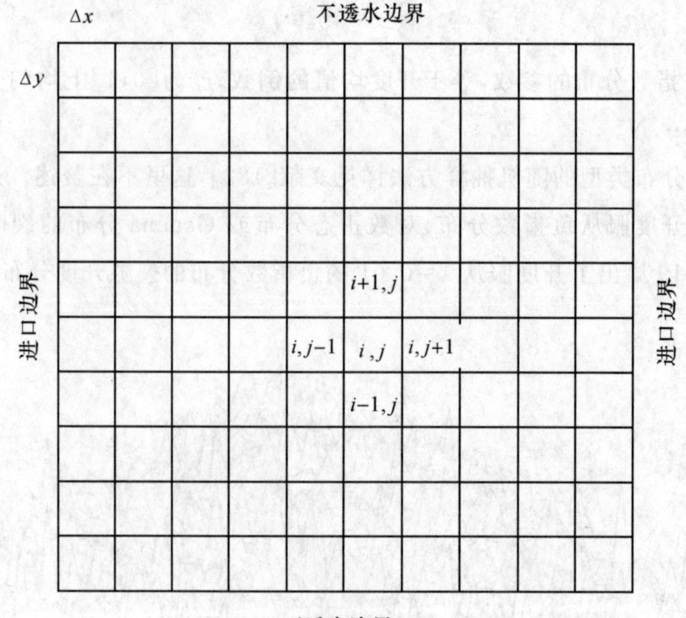

图 2-20 裂隙面网格划分示意图

在形成裂隙充水区域时,除考虑毛细吸持理论(排水时,开度大于临界开度 b_c 的裂隙局域排水;吸水时,开度小于临界开度 b_c 的裂隙局域吸水)外,还附加了一条入侵准则。即:排水时,即使某裂隙局域的开度大于临界开度 b_c,若与其有公共边界的 4 个裂隙局域均充水,且该裂隙局域不在裂隙边界上,那么该裂隙局域仍不能排水;同理,吸水时,即使某裂隙局域的开度小于临界开度 b_c,若与其有公共边界的 4 个裂隙局域均充气,且该裂隙局域不在裂隙边界上,那么该裂隙局域仍不能吸水。

给定毛细压力,按上述方法即可形成排水或吸水时的充水域。相应的水相饱和度为:

$$S_w = \frac{\sum_{k=1}^{n} b_k a}{\sum_{k=1}^{N} b_k a} = \frac{\sum_{k=1}^{n} b_k}{\sum_{k=1}^{N} b_k} \tag{2-12}$$

式中：b_k 为裂隙开度；a 为裂隙局域在水平面上投影的面积；n 为充水的裂隙局域数；N 为裂隙局域总数。

（二）非饱和渗流的数值模拟

假设充水的裂隙局域内立方定理成立，则裂隙局域$(i,j-1)$、$(i-1,j)$、$(i,j+1)$、$(i+1,j)$到裂隙局域(i,j)的流量分别为：

$$Q_{i,j-1/2} = -\frac{g}{12\nu} b^3_{i,j-1/2} \Delta y \frac{h_{i,j} - h_{i,j-1}}{\Delta x} \tag{2-13a}$$

$$Q_{i-1/2,j} = -\frac{g}{12\nu} b^3_{i-1/2,j} \Delta x \frac{h_{i,j} - h_{i-1,j}}{\Delta y} \tag{2-13b}$$

$$Q_{i,j+1/2} = -\frac{g}{12\nu} b^3_{i,j+1/2} \Delta y \frac{h_{i,j} - h_{i,j+1}}{\Delta x} \tag{2-13c}$$

$$Q_{i+1/2,j} = -\frac{g}{12\nu} b^3_{i+1/2,j} \Delta x \frac{h_{i,j} - h_{i+1,j}}{\Delta y} \tag{2-13d}$$

式中：g 为重力加速度；ν 为水的运动粘滞系数；Δx，Δy 为裂隙局域边长；$h_{i,j}$ 为裂隙局域(i,j)形心点处的水头值；$b^3_{i,j-1/2}$ 为 $b^3_{i,j-1}$ 和 $b^3_{i,j}$ 的调和平均值，其余类推。即：

$$b^3_{i,j-1/2} = \frac{2b^3_{i,j-1} b^3_{i,j}}{b^3_{i,j-1} + b^3_{i,j}} \tag{2-14}$$

式中：$b_{i,j}$ 为裂隙局域(i,j)的开度（若某裂隙局域充气，则其开度改为 0）。

对不可压缩流体的稳定流动，由质量守恒定律有：

$$Q_{i,j-1/2} + Q_{i-1/2,j} + Q_{i,j+1/2} + Q_{i+1/2,j} = 0 \tag{2-15}$$

把式(2-13a)、(2-13b)、(2-13c)和(2-13d)代入式(2-15)可得：

$$A_{i,j} h_{i,j-1} + B_{i,j} h_{i-1,j} + E_{i,j} h_{i,j} + C_{i,j} h_{i,j+1} + D_{i,j} h_{i+1,j} = 0 \tag{2-16}$$

式中：$A_{i,j} = \frac{2b^3_{i,j-1} b^3_{i,j}}{b^3_{i,j-1} + b^3_{i,j}} \frac{\Delta y}{\Delta x}$，$B_{i,j} = \frac{2b^3_{i-1,j} b^3_{i,j}}{b^3_{i-1,j} + b^3_{i,j}} \frac{\Delta x}{\Delta y}$，$C_{i,j} = \frac{2b^3_{i,j+1} b^3_{i,j}}{b^3_{i,j+1} + b^3_{i,j}} \frac{\Delta y}{\Delta x}$，$D_{i,j} = \frac{2b^3_{i+1,j} b^3_{i,j}}{b^3_{i+1,j} + b^3_{i,j}} \frac{\Delta x}{\Delta y}$，$E_{i,j} = -(A_{i,j} + B_{i,j} + C_{i,j} + D_{i,j})$

对所有充水的裂隙局域列出式(2-16)，在图 2-20 所示的边界条件下，联立求解可得充水裂隙局域形心点处的水头值；再根据水头场求出裂隙的总过流量 Q；然后由达西定律和裂隙的平均开度（这里为裂隙力学开度（裂隙各点处的真实开度）的平均值）即可求得裂隙的非饱和渗透系数。

四、程序研制

根据前述裂隙开度分布情况的生成方法和单裂隙非饱和渗流数值模拟方法及相关公式，编制了确定单裂隙非饱和水力参数的计算程序 FRACTURE。该程序可在已知裂隙面分形维数、裂隙面位错值和裂隙面面积接触率或已知裂隙开度的概率分布类型和分布参数的情况下，确定单裂隙排水和吸水时的毛细压力～饱和度以及非饱和渗透系数～毛细压力的关系，并输出单裂隙渗流场等势线图和渗流速度矢量图。

FRACTURE 程序的主要流程见图 2-21。

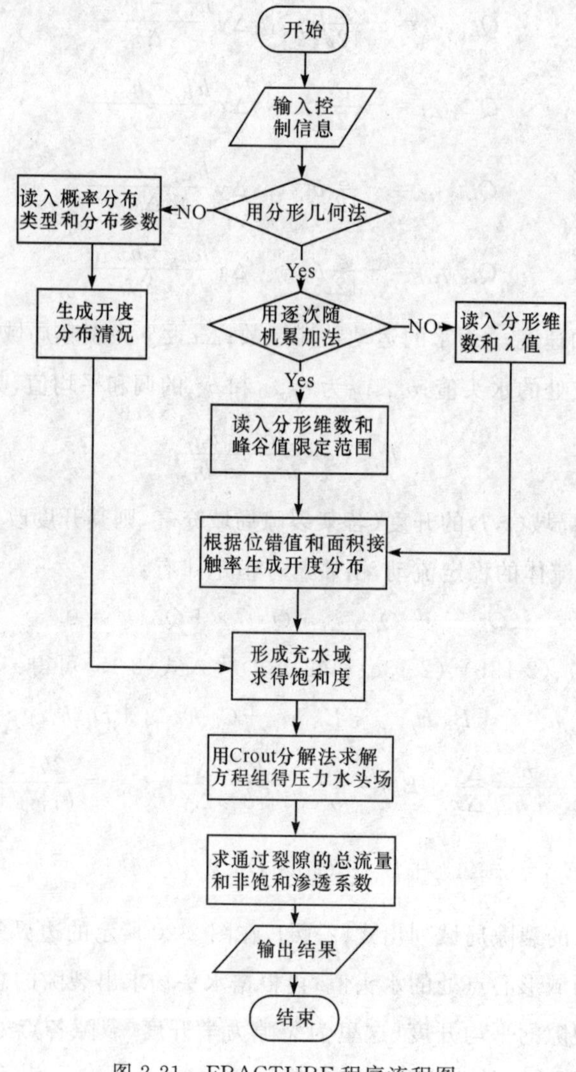

图 2-21　FRACTURE 程序流程图

五、算例分析

为验证本节所提出的数值试验法和FRACTURE程序的合理可行性并展示程序的功能，特用该程序对一算例进行了分析。

(一)算例

对天然裂隙面的研究表明，裂隙面的分形维数通常介于2.2到2.5之间[50]。故在模拟生成粗糙裂隙面时取分形维数$D=2.3$，裂隙面峰谷值限制在-0.005m到$+0.005$m范围之内。用逐次随机累加法模拟生成的裂隙面见图2-17。

在生成裂隙开度分布情况时取面积接触率为0.1，位错值$\Delta x=\Delta y=0.0002$m。

模拟区域的大小为0.5m×0.5m，离散成25×25个裂隙局域。对排水和吸水过程，分别给定11组进、出口毛细压力值(包括1组正水头值)，水头差均为0.02m。用FRACTURE程序模拟所得的结果见表2-6和表2-7。根据模拟结果整理出的毛细压力～饱和度以及非饱和渗透系数～毛细压力的关系曲线见图2-22和图2-23。

表2-6 排水时毛细压力、饱和度和非饱和渗透系数值

毛细压力/m水头	饱和度	非饱和渗透系数/$m\cdot s^{-1}$
0.0	1.000	2.03×10^{-3}
0.08	0.996	2.02×10^{-3}
0.10	0.980	1.98×10^{-3}
0.12	0.956	1.80×10^{-3}
0.14	0.937	1.49×10^{-3}
0.16	0.872	7.92×10^{-4}
0.18	0.831	5.38×10^{-4}
0.22	0.411	2.04×10^{-8}
0.25	0.144	1.21×10^{-10}
0.30	0.061	3.21×10^{-13}
0.35	0.014	0.0

表2-7 吸水时毛细压力、饱和度和非饱和渗透系数值

毛细压力/m水头	饱和度	非饱和渗透系数/$m\cdot s^{-1}$
0.0	0.982	2.01×10^{-3}
0.06	0.975	1.96×10^{-3}
0.08	0.930	1.74×10^{-3}
0.10	0.742	4.11×10^{-4}
0.11	0.633	4.15×10^{-5}
0.12	0.545	1.00×10^{-6}
0.13	0.421	2.23×10^{-8}
0.15	0.229	1.43×10^{-9}
0.20	0.042	1.27×10^{-11}
0.25	0.022	2.43×10^{-14}
0.35	0.013	0.0

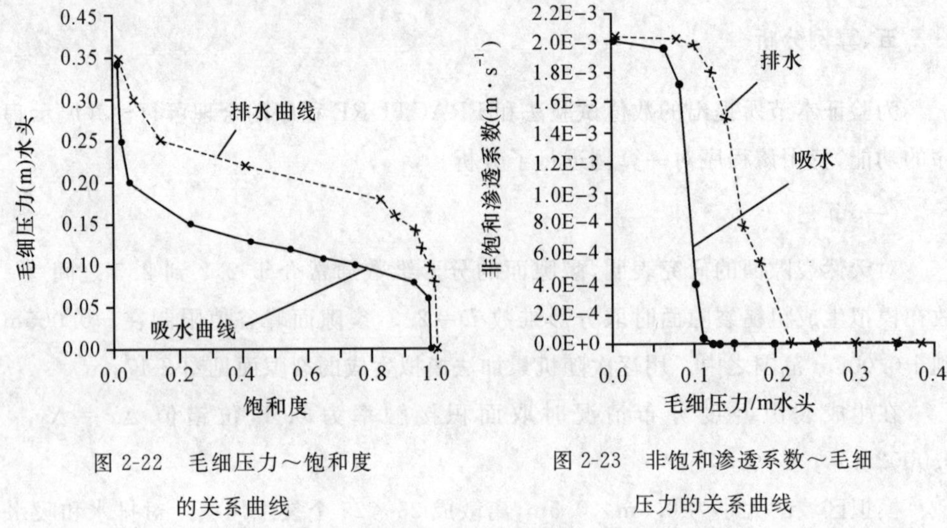

图 2-22　毛细压力～饱和度的关系曲线

图 2-23　非饱和渗透系数～毛细压力的关系曲线

从图 2-22 可看出，单裂隙毛细压力～饱和度关系曲线具有以下特征：滞后现象，即排水曲线与吸水曲线不重合，这是以往的数模所不能反映的；排水时存在明显的进气值和束缚水饱和度；吸水时存在残余气饱和度。这些特征与驱替试验结果基本一致[16,36]（由于在生成裂隙开度分布时所用的裂隙面分维数是假设的，而且所生成的裂隙与前面试验所用裂隙不一样，故只能与试验结果作定性的比较）。此外，图 2-23 所示的非饱和渗透系数～毛细压力关系与文献[9]中的解析结果基本相似。故本节所提出的模拟方法是可靠的。

图 2-24 和图 2-25 为四种不同工况下的单裂隙渗流场等势线图和渗流速度矢量图。图中左、右边界分别为已知水头的进口边界和出口边界，上、下边界为不透水边界。

由图 2-24 和图 2-25 可见，裂隙面内的渗流路径是比较复杂的，有明显的绕流现象，而且毛细压力越大这种现象越明显。这主要是由于随着毛细压力的增大，越来越多的裂隙大开度区域排空，不再是过水域，水流只能绕道而行。

相同的毛细压力下，排水与吸水时的等势线图和渗流速度矢量图差别很大，存在明显的滞后性。这主要是由雨点效应、瓶颈效应以及水、气相的“圈闭”作用引起的。

从图 2-25 可看出，随着毛细压力的增大，速度矢量的大小在减小，充水区域也在减少，表明裂隙非饱和渗流倾向于发生在小开度中，即“狭缝”中。这与裂隙饱和渗流时大开度起主导作用正好相反。

随机函数法和概型分布法与逐次随机累加法相比，仅仅是在生成裂隙开度的分布情况时存在差异，而用上述两种方法生成裂隙开度分布情况在前面已有叙述，

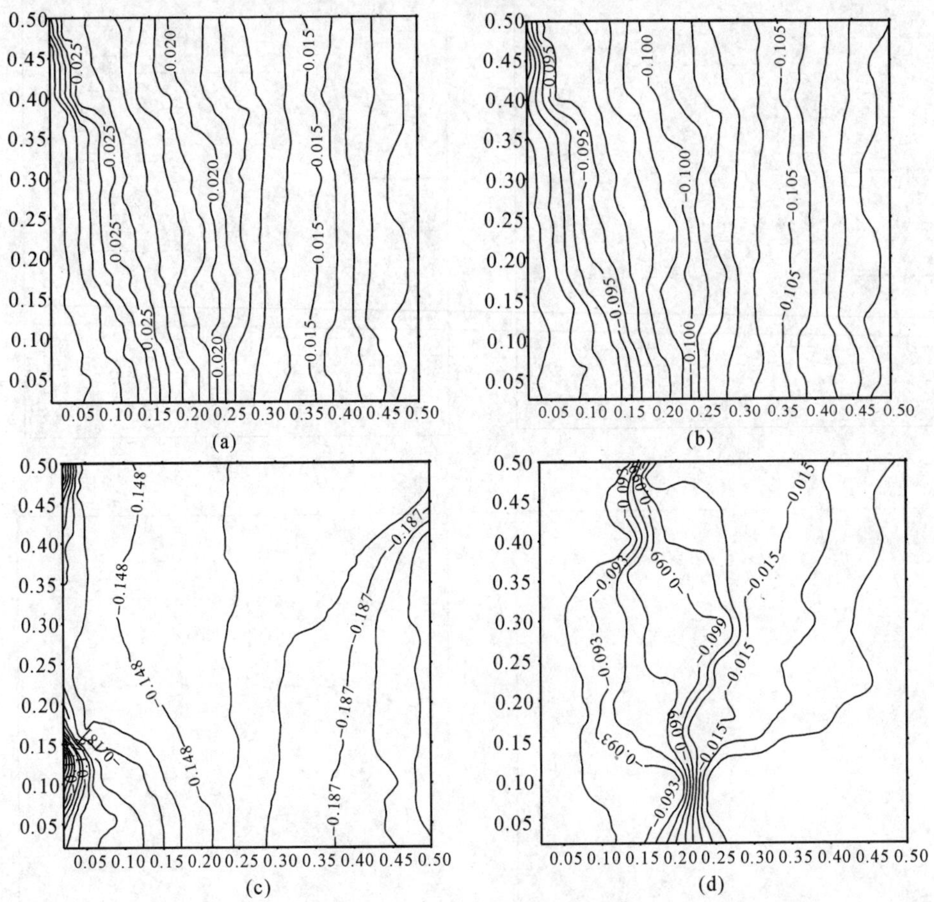

图 2-24　单裂隙渗流场等势线图

(a)饱和;(b)排水,毛细压力为 0.1m 水头;(c)排水,毛细压力为 0.18m 水头;

(d)吸水,毛细压力为 0.1m 水头

故这里不再给出运用随机函数法或概型分布法生成裂隙开度分布情况,然后进行非饱和渗流模拟的算例。

(二)结论

根据裂隙面分形维数、位错值和面积接触率用逐次随机累加法生成裂隙开度分布情况,基于裂隙局域为平行平板的假定,把裂隙面离散成许多等大小的正方形网格,对裂隙排水和吸水时的非饱和渗流过程进行了数值模拟。根据不同毛细压力下裂隙饱和度和非饱和渗透系数的模拟结果整理出了裂隙排水和吸水曲线(即毛细压力～饱和度的关系曲线)以及减饱和、增饱和时的非饱和渗透系数～毛细压力的关系曲线。由于裂隙面分维数是假设的,模拟结果只是用来定性说明本节数

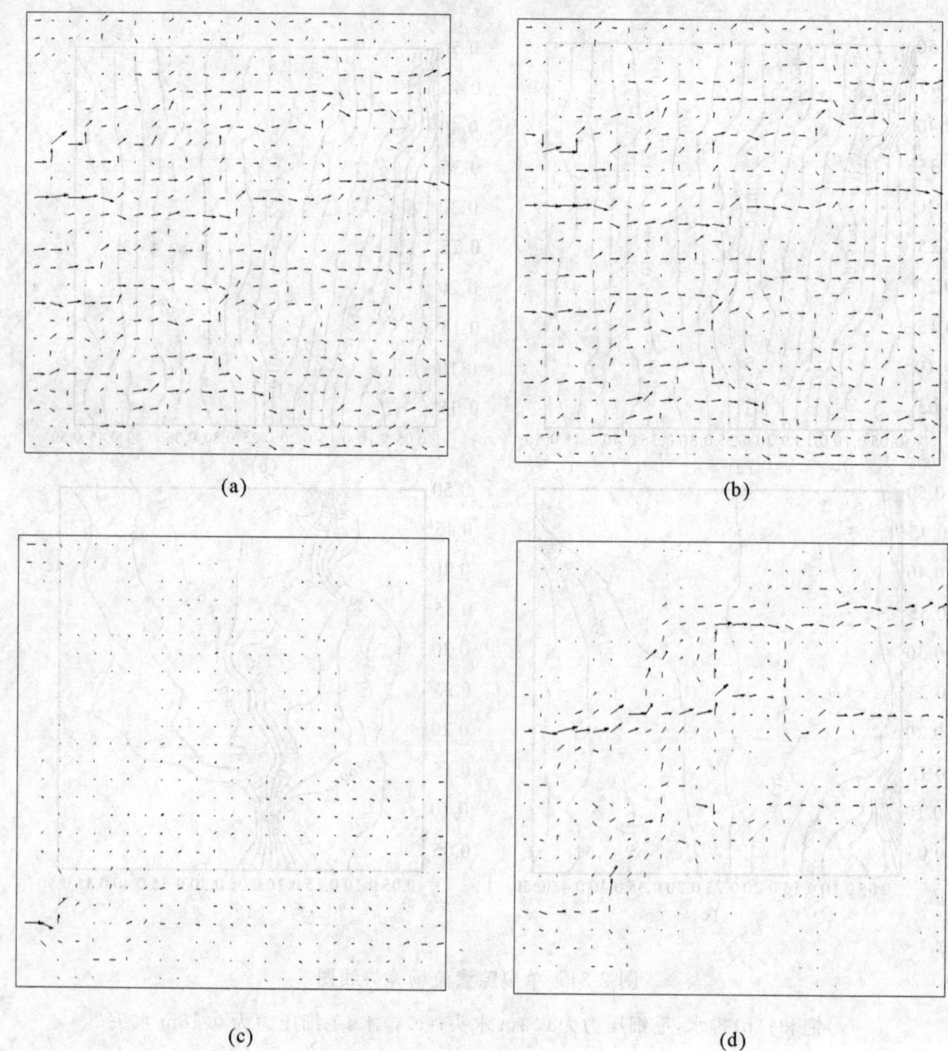

图 2-25　单裂隙渗流速度矢量图

(a)饱和；(b)排水，毛细压力为 0.1m 水头；(c)排水，毛细压力为 0.18m 水头；

(d)吸水，毛细压力为 0.1m 水头

值试验法的合理性，故没有运用多孔介质的拟合模型来拟合毛细压力～饱和度以及非饱和渗透系数～毛细压力的经验关系式。模拟结果与试验结果和解析结果的定性比较表明用本节方法来确定岩体裂隙非饱和水力参数是合理可靠的，也是切实可行的。

值得指出的是，由于在形成裂隙充水域时，考虑了水和气的“圈闭”影响，故能模拟出裂隙排水和吸水过程间客观存在的滞后现象，这是以往数值试验法所不能的。

上述算例中，在生成分形裂隙面时，裂隙面的分形维数是假定的，在实际工程应用中可用文献[174]中介绍的方法来确定裂隙面的分形维数。模拟结果对分形维数的敏感性以及裂隙网络的非饱和渗流数值模拟还有待于进一步的研究。

由于裂隙局域内的水流不能精确满足立方定理[63]，而且未考虑裂隙面上薄膜水的影响[75]，此外，在确定入侵毛细压力时，还应考虑局部水气相界面曲率和裂隙局域几何形态的影响，否则对低毛细数下的入侵，模拟结果会偏离实际太远[64]。故用本节模拟方法所得的结果还有待于物模试验来修正。

由于本节所提出的数值试验法具有快速、简单易行的优点，故若能根据同一裂隙的物模试验结果来修正数值试验结果或者找出两者间的相关关系，就可以本节所提出的数值试验法代替物模试验来确定单裂隙非饱和水力参数，这将具有重大的现实意义。

第五节　讨　论

针对现有物模试验法的不足，借鉴前人的研究成果，研制出了一套可同时测定单裂隙毛细压力～饱和度以及非饱和渗透系数～毛细压力关系的实验装置。设计制作了一阶梯开度的“S－H”裂隙模型，该模型既便于进行裂隙非饱和渗流机理的基础性研究(与石块或混凝土块叠合而成的模型相比)，又具说服力(与玻璃平板模型相比)，并在上述实验装置上进行了“S－H”裂隙模型的非饱和渗流试验，初步探讨了单裂隙非饱和渗流的一些基本水力特性。同时试验结果也表明上述实验装置是可靠的。在模型试验的基础上，给出了一种测定单裂隙非饱和水力参数的物模试验法。此外，在总结分析现有数值试验法不足的基础上，运用分形几何和蒙特卡洛模拟等理论，提出了一种考虑水、气相“圈闭”影响的数值试验法，能模拟出裂隙排水和吸水过程间客观存在的滞后现象，这是以往数值试验法所不能的。

物模试验法和数值试验法各有优缺点。物模试验法在研究裂隙非饱和渗流特性和机理方面具有不可替代的地位，另外数值试验法中所作的假定需由物模试验来检验，数值试验法的结果需通过物模试验的结果来修正。数值试验法的优点在于简单快捷，不象物模试验法那样费时费钱。故若能同物模试验法相结合来确定同一裂隙的非饱和水力参数，并积累这方面的资料，统计归纳出两者间的相关关系或修正关系，就可以数值试验代替物模试验来确定单裂隙非饱和水力参数，这将具有重大的现实意义。

实验装置中采用普通张力计来量测毛细压力，但张力计中的水量变化量很难准确测得(尽管可借助读数显微镜来读取水位值，但弯液面对量测精度的影响仍是不可避免的)，而这将直接影响所求得的各级毛细压力下裂隙排水量的精度。为此，最好用精度较高的压力传感器(不存在水量变化问题)来代替本实验装置中的张力计。

本书只介绍了如何运用上述实验装置来测定裂隙的非饱和水力参数，而没有做天然裂隙的非饱和渗流试验，故暂时还不具备足够的实测资料来确定裂隙的毛细压力～饱和度以及非饱和渗透系数～毛细压力关系的拟合模型。从“S－H”裂隙模型持水曲线以及非饱和渗透系数～毛细压力关系曲线与多孔介质相应曲线间的较大差异来看，目前借用多孔介质的拟合模型来拟合裂隙的非饱和水力参数的做法是欠斟酌的。故需要开展天然裂隙的非饱和渗流试验，在试验结果的基础上提出适合于描述裂隙非饱和水力参数的拟合模型。

对数值试验法来说，若在求解裂隙局域过流量时，考虑裂隙面上薄膜水的影响，在确定入侵毛细压力时，考虑局部水气相界面曲率和裂隙局域几何形态的影响，则就能使模拟结果更加贴近实际情况。

总之，不管是物模实验装置，还是数值试验法，均有待于通过更多的实践来改进和完善。

第三章

完整岩石非饱和渗流研究

第三章

第三章　完整岩石非饱和渗流研究

对裂隙岩体非饱和渗流而言，岩块的非饱和渗透系数相对于裂隙非饱和渗透系数来讲一般不可忽略，因此对完整岩石(也称岩块)开展非饱和渗流研究同样重要。由于完整岩石属于多孔介质，故其非饱和渗流机理和非饱和水力参数的测定相似于土体。而土体非饱和渗流研究已有很多成果，因此完整岩石非饱和渗流研究多沿用土体的非饱和渗流研究方法，专门介绍岩块非饱和渗流研究的文献不多。本章主要对完整岩石非饱和渗流试验及非饱和水力参数测定作一简单介绍。

第一节　概　述

与土体一样，完整岩石处于饱和状态时，所有孔隙均被水充填。在水力梯度作用下，水质点由任一个孔隙可向相邻孔隙自由流动。地下水位以下的岩块是饱和的，此时岩块的渗透系数称为饱和渗透系数，饱和岩块中的压力水头恒为正值。当压力水头由正值转为负值时，岩块中的水体则由毛细压力所支持。按毛细管理论，管内水头升高值与毛细管半径成反比。岩块中的孔隙直径越小，毛细压力越大(毛细压力为负压的绝对值)，持水能力越大。较大的孔隙持水能力小，岩块内为某一负压时，与相应直径的孔隙 D_c 相对应。只有直径小于 D_c 的孔隙才能持水，而直径大于 D_c 的孔隙则为空气占据，岩块处于部分饱和或者非饱和状态。在水力梯度作用下，任一有水孔隙中水质点只能向有水的相邻孔隙中流动。若相邻孔隙中是空气，水流就不能通过，由于水的可流动域受到限制，且只能在较小的孔隙中流动，非饱和状态的渗透系数和饱和渗透系数相比，大幅度减小。负压越大，孔隙的饱和度越小，非饱和渗透系数也越小。当大部分孔隙中均为空气时，或有水的小孔隙周围均为空气孔隙所包围时，这时渗透系数减小到接近于零。若以 k_s^m 表示岩块饱和渗透系数，k_u^m 表示岩块非饱和渗透系数，h_m 表示压力水头(其绝对值为毛细压力)，S_m 表示饱和度，则存在下列关系：

$$k_u^m = k_s^m f_m(h_m) \tag{3-1}$$

$$S_m = \varphi_m(h_m) \tag{3-2}$$

当 $h_m > 0$ 时，$k_u^m = k_s^m$，$S_m = 1$。函数 $f_m(h_m)$、$\varphi_m(h_m)$ 一般通过试验方法实测。

由于完整岩石属于多孔介质，因此其非饱和渗流机理和非饱和水力参数的测定相似于土体，单单对岩块非饱和渗流开展研究的文献报道并不多见。陈卫忠等[183]基于粘土岩实验室非饱和渗流试验的结果，研究了在隧道开挖、混凝土衬砌支护和通风过程中围岩干缩和膨胀的力学机理，得到了围岩内渗流的初始饱和至非饱和到近饱和过程，探讨了粘土岩饱和－非饱和渗流的机理。为了探讨低渗透岩石非饱和非 Darcy 渗流的机理，黄远智等[184]以毛管模型为基础，通过对流体非饱和系列流动状况的运动分析，相应推导得出流体非饱和渗流的毛管模型，从理论上论证在微小尺度孔隙中流体自身的力学特性，以及与固体、气体的相互作用，指出毛细压力与边界层的存在，是导致流体非 Darcy 渗流现象的一个主要原因。研究这些因素对渗流运动的影响机制，是探索低渗透岩石非 Darcy 渗流机理的一个重要方向。本章主要对完整岩石非饱和渗流试验及非饱和水力参数测定作一简单介绍。

第二节　完整岩石非饱和渗流试验研究

由于完整岩石非饱和渗流试验研究的文献报道很少，故本节将在介绍完整岩石饱和渗流试验研究概况的基础上，叙述完整岩石非饱和渗流试验原理。

一、完整岩石饱和渗流试验研究概况

致密坚硬的完整岩石的渗透系数极小，且许多岩石还有初始水力梯度问题，与土壤相比，开展岩块饱和渗流试验非常困难。对饱和渗流而言，水在岩体中的流动主要是通过岩体裂隙，从工程观点，对大多数完整岩石其渗透系数常忽略不计。由于这两方面的原因，我国 DJL204－814《水利水电工程岩石试验规程》及 DL5006－92《水利水电工程试验规程（补充部分）》均无关于完整岩石渗流试验的内容，而有关试验资料则更少。成都勘测设计研究院科学研究所于 1996 年研制成功一套完整岩石的径向渗透试验仪器，但由于仪器精度不够，且工程上也未提出迫切需要，因而该项技术未能得到预期发展。河海大学渗流实验室为了科研和教学的需要，于 2003 年研制出岩石高压渗透试验仪，最大压力可达 30MPa，该试验仪及相应技术，目前还在调试和起步阶段。

国外有关完整岩石渗流试验的报道也不多。法国对这项技术的发展比较重视，巴黎试验室仿照土样渗流试验方法，对岩样进行纵向（轴线方向）渗流试验，试验装置及试样制备都比较简单。图 3-1 为沿岩样纵向进行饱和渗流试验的装置。纵向渗流试验不能用于渗透性微弱的岩石，其渗透系数的极限值为 10^{-8}cm/s。

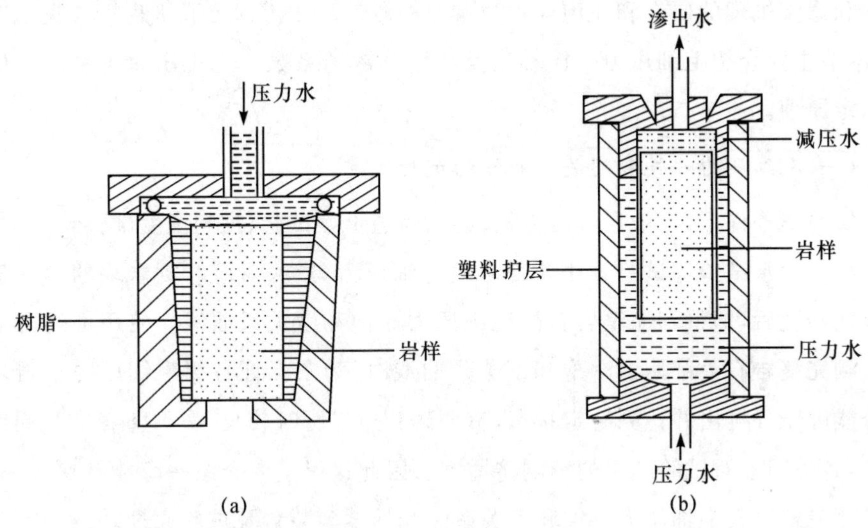

图 3-1　沿岩样纵向饱和渗流试验装置（据 Jaeger，1979）[185]

(a)压力水自上端进入　(b)压力水自下端进入

此外，巴黎试验室还研制出了完整岩石径向渗流试验技术，试件为标准圆柱体，其高度为 150mm，直径为 60mm。在其中心钻深度为 125mm、直径为 12mm 的圆孔（见图 3-2），将圆孔顶部 25mm 封死，但留有排水口。径向试验时，试件的壁厚只有 24mm，1MPa 水压力的水力梯度达 4167，因而可以忽略初始水力梯度的影响。渗流试验既可从试件外侧加水压，称为辐合状态，也可由孔内侧加水压，称为辐散状态。

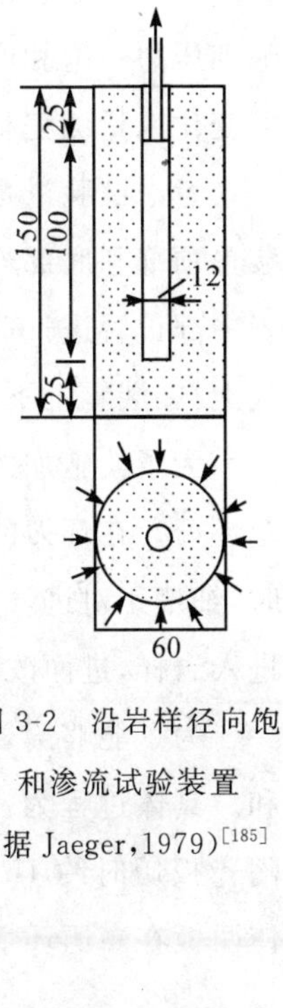

由流量 Q（进水量应与出水量相等）可以求得渗透系数 k 为

$$k=\frac{Q}{2\pi l p}\ln\frac{r_2}{r_1} \tag{3-3}$$

式中：l 为试验段长，$l=100$mm；p 为试验用水压力；$r_2=30$mm；$r_1=6$mm。

图 3-2　沿岩样径向饱和渗流试验装置（据 Jaeger，1979）[185]

二、完整岩石非饱和渗流试验

完整岩石非饱和渗流试验比上述饱和渗流试验复杂，但其研究方法可借鉴上述饱和渗流试验及土体的非饱和渗流试验。其研究内容主要是非饱和渗流机理的研究和非饱和水力参数的测定。非饱和渗流机理可参见上节内容，本节主要介绍毛细压力～饱和度及非饱和渗透系数～毛细压力关系曲线的试验测定原理。

（一）毛细压力～饱和度关系曲线的试验测定

实验室条件下，一般通过压力板试验、渗透干燥试验、控制湿度试验以及离心脱水试验等试验方法获得岩块毛细压力，量测对应时刻岩块的含水量换算成饱和度后，即得到完整岩石的毛细压力～饱和度关系曲线。使用上述常规方法量测完整岩石毛细压力～饱和度关系曲线时，为了保证各级毛细压力下岩块中水分能够充分排出并达到稳定状态，整个试验过程历时较长[186]。随着试验周期的加长，各种因素对试验结果的影响将增大。因此这里主要介绍一套能够快速、有效的量测完整岩石毛细压力～饱和度关系曲线的试验装置及试验原理。

根据完整岩石毛细压力理论，在稳定状态时岩块对水分的吸持能力是一定的，因此可以在稳态渗流过程中测量一定毛细压力下岩块中的饱和度，绘出完整岩石毛细压力—饱和度关系曲线。图 3-3 为利用稳态渗流时完整岩石毛细压力和饱和度变化来量测完整岩石毛细压力～饱和度关系曲线的试验装置示意图。

考虑试验过程中的锈蚀问题和电子天平的量程限制，装置材质采用有机玻璃。装置顶部和底部均装配有高进气值陶瓷板，并在上、下部设置进水口和排水口，装置中部设置进气口。此外，为了及时排除试验过程中积聚在陶瓷板附近水室中的气泡，在装置上下分别设有排气孔，另有电子天平、集水量筒、阀门等配套设备。

为了使施加的气体能够迅速、均匀地进入岩样，试验过程中采用专门设计的配套环刀。在环刀的中部刻有细槽，细槽中均布 8 个小孔。当环刀放置在装置内部时，细槽正对进气口位置，从而保证施加的气压力能够快速、有效地通过槽中小孔进入岩样，进而改变岩样中的毛细压力。

为了能够给岩样施加并维持一定的气压力，试验前同样需要进行陶瓷板的饱和。具体过程为：通过进气口向装置内部施加约 800kPa 的高压水，令高压水通过陶瓷板历时约 1h，以使板中气体溶于水中并被带出陶瓷板。然后关闭上下阀门，使两板在高压环境中浸泡约 1h。在此期间，板中的空气将与高压水充分接触并溶

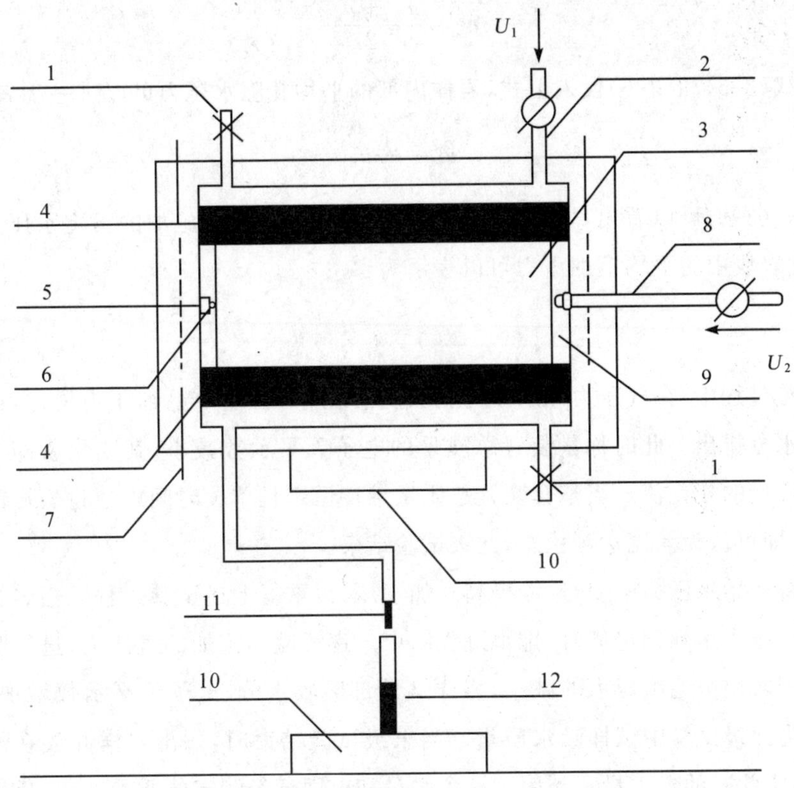

图 3-3　完整岩石非饱和渗流试验装置示意图(据文[186])

1—排气孔;2—进水口;3—岩样;4—陶瓷板;5—细槽;6—小孔;

7—连接螺栓;8—进气口;9—环刀;10—电子天平;11—排水口;12—集水量筒

于其中。再打开阀门约 10min。重复上述过程 5～6 次,陶瓷板即可饱和。

设试验过程中岩样在水压力 u_w 和气压力 u_a 共同作用下经过一定时间发生稳态渗流,设 Δt 时段内通过岩样的水量为 Q,饱和陶瓷板的渗透系数为 K_b,过水面积和厚度分别为 A 和 ΔL_b,则作用在上、下陶瓷板上的水头差为:

$$\Delta H_b=\left(\frac{Q}{A\Delta t}\right)\frac{\Delta L_b}{K_b} \tag{3-4}$$

装置下端排水口与大气连通,其压力水头近似为零,上端水压力则为施加的恒定水压力。假定试验过程中饱和陶瓷板透水系数相同,而作用在岩样两端的孔隙水压力分别和与其接触的陶瓷板一侧孔隙水压力相等,则岩样下部和上部的孔隙水压力分别为:

$$u_{w1}=\gamma_w\Delta H_b \tag{3-5}$$

$$u_{w2}=u_w-\gamma_w\Delta H_b \tag{3-6}$$

岩样内部的平均孔隙水压力分别可以表示为:

$$\bar{u}_w=\frac{u_{w1}+u_{w2}}{2} \tag{3-7}$$

将式(3-5)和(3-6)代入上式，岩样内部的平均孔隙水压力可以进一步表示为：

$$\bar{u}_w=\frac{1}{2}u_w \tag{3-8}$$

由式(3-8)可以看出，岩样内部的平均孔隙水压力即为施加的恒定水压力的一半，因此岩块中的平均毛细压力可以表示为：

$$(u_a-\bar{u}_w)=u_a-\frac{1}{2}u_w \tag{3-9}$$

试验过程中，在气压力和水压力的共同作用下，岩块中毛细压力增加，试样内部多余水分排出。此时称量装置总质量的电子天平示数减小，其变化值即为岩样中含水质量的变化值。当整套装置总质量维持恒定且单位时间内通过岩样的水量不变时，即可认为渗流达到稳态，此级试验结束。

保持初始水压力不变，逐级提高外加气压力，重复上述试验过程。当岩样内部平均毛细压力达到预定值时，排水过程结束。逐级减少施加的气压力，进行吸水试验。由于岩块中毛细压力的减小，岩样从外部吸收水分，电子天平示数增加，其变化量即为此级试验中试样吸水质量。当末级试验结束时，取出岩样并放在烘箱内烘干，测定此时的含水量。利用这一含水量和前面已经测定的质量变化，反算出相应于其它各级毛细压力的饱和度，从而量测出完整岩石的毛细压力～饱和度关系曲线。

(二)非饱和渗透系数～毛细压力关系曲线的试验测定

试验装置示意图见图3-3。设试验过程中岩样在水压力 u_w 和气压力 u_a 共同作用下发生渗流运动。装置下端排水口始终与大气连通，其压力水头近似为零，上端水压力则为施加的恒定水压力。假定试验过程中饱和陶瓷板饱和渗透系数相同，则岩样中部平均孔隙水压力为施加的恒定水压力的一半，则稳态时岩样内部平均毛细压力为 $u_a-\frac{1}{2}u_w$，对应该毛细压力的非饱和渗透系数为：

$$K_u^m=\left(\frac{Q}{A\Delta t}\right)\frac{\Delta L_m}{\Delta H_m} \tag{3-10}$$

式中：A 为岩样的过水面积；ΔL_m 为岩样厚度；ΔH_m 为岩样上下端水头差，其余符号意义同式(3-4)。其中 ΔH_m 按下式求解。

$$\Delta H_m=\frac{u_w}{\gamma_w}-2\Delta H_b \tag{3-11}$$

上式中 ΔH_b 的计算参见式(3-4)。

同上，保持水压力不变，逐级提高外加气压力，重复上述试验过程，测出不同毛细压力下的非饱和渗透系数，当岩样内部平均毛细压力达到预定值时，排水过程结束。逐级减少施加的气压力，进行吸水试验，测出不同毛细压力下的非饱和渗透系数。最终可得到完整岩石排水和吸水过程中的非饱和渗透系数～毛细压力关系曲线。

第三节　完整岩石非饱和水力参数测定

岩块非饱和水力参数的可靠性将直接影响裂隙岩体非饱和渗流模拟的精度。因此本节将根据上节完整岩石非饱和渗流试验原理，给出完整岩石非饱和水力参数的试验测定方法。

试验装置示意图见图 3-3，试验测定方法及测定步骤如下：

(1)按要求的尺寸切割好岩样，清洗干净后烘干，并把干燥的完整岩样放置在配套环刀中。

(2)按图 3-3 将岩样置于充分饱和后的陶瓷板上，使用连接螺栓将上下两部分连接固定。

(3)将整套装置放置在电子天平上，关闭装置中部的进气口，同时从装置上方的进水口对岩样施加初始恒定水压力 u_w，水流经岩样后从排水口排出，发生渗流运动。

(4)打开装置中部的进气口，向岩样内部施加不小于初始恒定水压力的恒定气压力 u_a，此时岩样在水压力 u_w 和气压力 u_a 共同作用下发生渗流运动。由于岩块中毛细压力的增加，岩样内部多余水分将排出。称量装置和岩样总质量的电子天平示数减小，其变化值即为岩样中含水质量的变化值。当整套装置总质量维持恒定且单位时间内通过土样的水量不变时，即可认为渗流达到稳态，利用电子天平和集水量筒量测 Δt 时段内通过岩样的水量 Q，利用式(3-10)计算对应于毛细压力 $u_a-\frac{1}{2}u_w$ 的非饱和渗透系数。

(5)保持初始水压力不变，逐级提高外加气压力，重复上述试验过程。当岩样内部平均毛细压力达到预定值时，排水过程结束，获得排水过程中的非饱和渗透系数～毛细压力的关系曲线。

(6)逐级减少施加的气压力，进行吸水试验。由于岩块中毛细压力的减小，岩样从外部吸收水分，电子天平示数增加，其变化量即为岩样中的含水质量增加量。在稳态时量测 Δt 时段内通过岩样的水量 Q，利用式(3-10)计算吸水过程中的非饱和渗透系数。获得吸水过程中的非饱和渗透系数～毛细压力的关系曲线。

(7)当末级试验结束时，取出岩样并放在烘箱内烘干，测定此时的含水量，利用这一含水量和前面已经测定的质量变化值，反算出相应于各级毛细压力的饱和度，获得毛细压力～饱和度的关系曲线。

第四节　讨　论

对裂隙岩体非饱和渗流而言，岩块的非饱和渗透系数相对于裂隙来讲一般不可忽略，因此岩块非饱和水力参数的可靠性将直接影响裂隙岩体非饱和渗流模拟的精度。由于进行完整岩石非饱和渗流试验非常困难，加之完整岩石非饱和渗流研究多沿用土体的非饱和渗流研究方法，故专门研究完整岩石非饱和渗流的文献报道不多。为确保裂隙岩体非饱和渗流分析成果的可靠性，急需开展完整岩石非饱和渗流机理及非饱和水力参数测定的研究。

由于完整岩石属于多孔介质，故其非饱和渗流机理和非饱和水力参数的测定相似于土体。因此本章在介绍完整岩石渗流试验及非饱和渗流机理研究成果的基础上，借用土体的非饱和渗流试验方法，给出了完整岩石非饱和渗流试验原理及非饱和水力参数的试验测定方法。

本章仅仅介绍了完整岩石非饱和渗流试验装置、试验原理以及非饱和水力参数的试验测定方法，而没有开展不同岩性完整岩石的非饱和渗流试验，故试验装置和试验方法的合理可行性还有待于进一步深入研究。

第四章

裂隙岩体非饱和渗流有限元分析

第四章　裂隙岩体非饱和渗流有限元分析

针对裂隙化程度较高的岩体，把裂隙岩体等效为连续介质来处理，结合前两章中的单裂隙与岩块非饱和水力参数的确定方法，提出运用均化方法或裂隙网络方法来确定裂隙岩体的等效非饱和水力参数，并建立了有地表入渗的裂隙岩体非饱和渗流的数学模型。然后运用Galerkin加权余量法给出了上述数学模型的有限元计算格式，并研制了非线性计算格式的迭代算法。最后编制了考虑地表入渗的裂隙岩体非饱和渗流有限元计算程序。算例分析表明，模型和计算程序不仅合理可靠，而且程序的通用性好。此外，介绍了裂隙岩体非饱和渗流分析的离散裂隙网络模型和双重介质模型。

第一节　概　述

裂隙岩体中地下水位至地表部分是未被水充满的非饱和带，因此有地表入渗的裂隙岩体渗流是一非饱和渗流过程。关于地表入渗理论，在许多水文学或土壤水动力学的书中均有详细介绍，这里不再赘述。在降雨或泄洪雾化雨条件下，降水从地表向下入渗，在地下水位以上的非饱和区会形成上层滞水，从而增加了以往饱和渗流模型所无法考虑到的对岩坡稳定和排水不利的因素[28]。即上层滞水区的形成，不仅降低了岩体的力学强度指标，而且增加了暂态附加水荷载，极易导致岩坡滑坡[3]；另外依据饱和渗流模型计算结果而设计的排水孔对上述上层滞水区起不了作用。此外，核废料深埋处理[8-12]、地面污染物随下渗水的迁移[13,14]等也涉及到有地表入渗的裂隙岩体非饱和渗流问题。因此，研究有地表入渗的裂隙岩体非饱和渗流是很有工程意义的。

国内外对有地表入渗的多孔介质非饱和渗流已有相当多的研究，包括农田水利和土壤物理领域[23]、浅层地下水资源开发利用[24]、地下水资源的保护[25]、降雨对土坡稳定性的影响[22,26,27]以及水利工程领域中土坝或堤防的非饱和渗流分析[30]。但对有地表入渗的裂隙岩体非饱和渗流的研究还不多[32]。一方面是由于地表入渗过程本身的复杂性；另一方面是由于岩体裂隙非饱和水力参数较难确定，而且裂隙岩体非饱和渗流的各种分析模型均有其局限性。故研究有地表入渗的裂隙岩体非饱和渗流应多借鉴多孔介质非饱和渗流和裂隙岩体饱和渗流的研究方法。

综合国内外研究情况看，目前进行裂隙岩体非饱和渗流计算分析时，主要有以下四种计算模型可供选择：① 等效连续介质模型；② 离散裂隙网络模型；③ 双重介质模型；④ 离散介质－连续介质耦合模型[32]。由于裂隙网络十分复杂，裂隙开度又很难实测，尽管依据裂隙实测资料的统计数字由计算机生成等效裂隙网络已有可能，但三维裂隙网络水力学分析仍很难进行；而且对非饱和渗流而言，岩块的非饱和渗透系数与裂隙的相比一般不可忽略[105]，故在某些情况下应用离散裂隙网络模型来分析裂隙岩体非饱和渗流不太合适。双重介质模型和离散介质－连续介质耦合模型中的水交换量难以准确确定[8,105]，而水交换项公式的准确性又直接影响着模型的精度；另外这两种模型的分析工作量也很大。相当多的研究者倾向于认为：当裂隙网络由多组裂隙构成，裂隙间距与分析尺寸相比甚小时，可用连续介质理论研究裂隙岩体渗流[89]。而且运用等效连续介质模型研究裂隙岩体非饱和渗流，在理论上和解题方法上均有较成熟的基础和经验可以借用。此外运用等效连续介质模型来计算裂隙岩体非饱和渗流场时，只需知道岩体裂隙为数不多的几何和物理参数的统计值，而不需知道每条裂隙的确切位置，故对于实际工程问题的研究该模型有较大的实用价值。但需注意等效连续介质模型的适用范围。

本章针对裂隙化程度较高的岩体，运用均化方法或裂隙网络方法，把裂隙内的渗流平均到岩体里去，应用等效连续介质模型来求解有地表入渗的裂隙岩体非饱和渗流场。由于某些情况下不能应用等效连续介质模型[94]，故对离散裂隙网络模型和双重介质模型也作一简单介绍。

第二节　等效连续介质模型的建立

据现场观测的大量资料分析来看，由于岩体构造上的节理性，会形成定向的裂隙系统，而裂隙是岩体的主要导水通道，故同多孔介质渗流相比，裂隙岩体渗流最明显的特点是强烈的各向异性。只有当裂隙系统不存在，或裂隙杂乱分布而没有固定的方向，或已风化成松散体，或当所有裂隙被充分细的颗粒填满固结而具有与岩块本身相近的透水性时，才能当作各向同性的多孔介质渗流来考虑。因此，若运用等效连续介质模型来研究裂隙岩体渗流，则应根据裂隙产状要素，将裂隙岩体等效为各向异性连续介质来处理。下面将要建立的数学模型是通过裂隙岩体的饱和渗透张量来反映各向异性的。

一、等效水力参数的确定

把裂隙岩体等效为各向异性的连续介质来处理,在建立基本微分方程之前,先需定义裂隙岩体的等效水力参数。由于等效饱和渗透张量的确定以往讨论的较多,已有公认的确定方法,这里不再赘述。这里主要叙述等效非饱和水力参数的确定。

(一)均化方法

取一表征单元体(水力学性质不再有尺寸效应的最小体积;对于裂隙较发育的岩体,一般认为存在表征单元体且不是太大),其体积为 V,记表征单元体内裂隙所占的体积为 V^J(一般可根据体积裂隙率求得),岩块所占的体积为 V^R,则 $V^R=V-V^J$。上标 R,J 分别表示与岩块和裂隙相关的量(下同)。假设垂直于水流方向的平面上裂隙内水头与岩块内水头相等,这在流动随时间变化缓慢(主要是指岩块饱和度变化不大,故岩块和裂隙间的水交换瞬间即可完成)的情况下是成立的[9]。故可在流量等效和水头场近似等效的前提下,根据裂隙和岩块各自的非饱和水力参数(其中裂隙的非饱和水力参数可运用第二章中所提出的物模试验法或数值试验法来确定,岩块的非饱和水力参数可运用第三章的试验方法来确定)、饱和渗透张量以及各自所占的体积,通过体积加权平均来确定裂隙岩体的等效非饱和水力参数。即:裂隙岩体的等效相对渗透系数 $k_r=\dfrac{k_s^J k_r^J V^J+k_s^R k_r^R V^R}{k_s^J V^J+k_s^R V^R}$,其中 $k_s^J=\sqrt[3]{k_{sx}^J k_{sy}^J k_{sz}^J}$,$k_s^R=\sqrt[3]{k_{sx}^R k_{sy}^R k_{sz}^R}$,$k_{sx}^J$,$k_{sy}^J$,$k_{sz}^J$;$k_{sx}^R$,$k_{sy}^R$,$k_{sz}^R$分别为表征单元体内裂隙网络(等效为各向异性的连续介质)和岩块的饱和渗透张量的 3 个主值;等效比容水度 $C=\dfrac{C^J V^J+C^R V^R}{V}$;等效单位贮存量 $S_s=\dfrac{S_s^J V^J+S_s^R V^R}{V}$。

(二)裂隙网络方法

上述均化方法的两个重要假设是:① 裂隙较发育,裂隙岩体存在表征单元体且不是太大;② 流动随时间变化缓慢。当这两个假设不能严格满足且具备较详尽的裂隙产状要素统计分布参数时,可运用下述裂隙网络方法来确定裂隙岩体的等效非饱和水力参数。下面以二维裂隙网络为例,来叙述裂隙网络方法。

取一表征单元体(假设裂隙岩体存在表征单元体),根据裂隙产状要素的统计分布参数,运用 Monte-Carlo 模拟法生成裂隙网络样本。假设岩块很致密,忽略其渗透性。根据裂隙的交切关系离散裂隙网络样本,以离散后的各段裂隙交点处的毛细压力值为未知量(每段裂隙的非饱和水力参数值根据该段裂隙两端点处毛细压力的平均值及裂隙的非饱和水力参数来确定),在裂隙网络样本的进出水流边界上给定适当的毛细压力,运用管网理论求解裂隙交点处的毛细压力值,进而求得通过该裂隙网络样本的总渗流量和样本的体积含水量(求体积含水量时,假设离散后的每段裂隙含水量处处相等,含水量对应的毛细压力取该段裂隙两端点处毛细压力的平均值,另外还应加上岩块的含水量),最后根据达西定律求得裂隙网络样本该方向上的非饱和渗透系数,对应的毛细压力值取进出水流边界上毛细压力的平均值。同理可求得另一正交方向上的非饱和渗透系数。根据上述两个正交方向上的非饱和渗透系数值可求得非饱和渗透张量。在裂隙网络样本进出水流边界上给定一系列不同的毛细压力值,同上,可得出表征单元体非饱和渗透张量与毛细压力以及体积含水量与毛细压力的关系。最终可确定出裂隙岩体的等效非饱和水力参数。

由于表征单元体内裂隙数目不会太大,故上述方法是可行的。但对三维的裂隙网络样本而言,虽然原理一样,操作起来还是较困难的。

二、基本微分方程

关于非饱和渗流基本微分方程的推导在许多文献中都有介绍,这里不再赘述。把裂隙岩体等效为连续介质来处理,可用下述方程来描述裂隙岩体非饱和渗流[20]:

$$\sum_{i=1}^{3}\sum_{j=1}^{3}\frac{\partial}{\partial x_i}\left[k_r(h)k_{ij}\frac{\partial}{\partial x_i}(h+x_3)\right]-[C(h)+\beta S_S]\frac{\partial h}{\partial t}-S=0 \qquad (4\text{-}1)$$

式中:k_r 为等效相对渗透系数(假设裂隙岩体等效非饱和渗透张量的每一分量与等效饱和渗透张量的同一分量间均服从同一关系,则等效相对渗透系数为一标量);k_{ij} 为等效饱和渗透张量;h 为压力水头;x_i 为坐标轴,其中 x_3 为正向向上的铅直轴;C 为等效比容水度;在非饱和区 $\beta=0$,在饱和区 $\beta=1$;S_S 为等效单位贮存量;t 为时间;S 为源(汇)项。

式(4-1)即为裂隙岩体非稳定/饱和非饱和渗流的基本微分方程。裂隙岩体的各向异性通过等效饱和渗透张量 k_{ij} 来反映。

三、定解条件及其处理方法

为了得到基本微分方程的定解,还必须确定一些必要的初始条件和边界条件。初始条件用于描述渗流过程的初始状态,对非稳定渗流问题不可或缺,而边界条件则是对渗流场的约束,二者合称为定解条件。

初始条件由压力水头描述:

$$h(x_i,0)=h_0(x_i) \qquad i=1,2,3 \tag{4-2}$$

式中：h_0 是 x_i 的给定函数。

初始条件即初始水头场一般根据实测结果来定或凭经验假定。将在本章第四节“初始水头场的确定”中建议一种运用人工神经网络理论来预测初始水头场的方法。

如图 4-1，设有渗流区域 $G=G_1+G_2$，G_1 和 G_2 分别表示饱和区和非饱和区。G 的边界由已知压力水头边界 S_1，已知流量边界 S_2，入渗（或蒸发）边界 S_3 和出逸边界 S_4 组成。值得注意的是，与以往的只考虑饱和区渗流的模型不同，自由面不再是一个边界，避免了饱和渗流模型中试找自由面的麻烦。

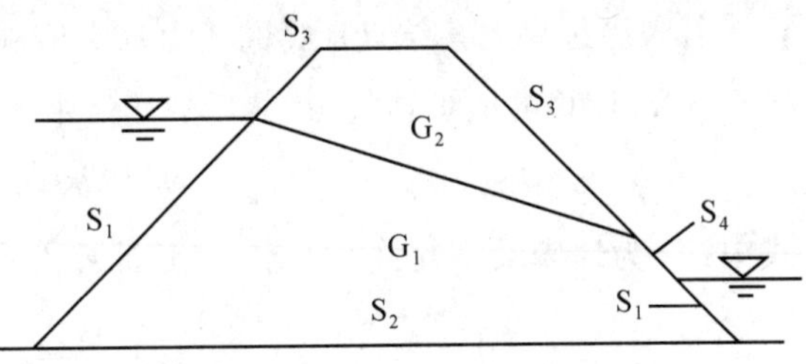

图 4-1　有地表入渗的饱和非饱和渗流域示意图

已知压力水头边界为：

$$h(x_i,t)=h_c(x_i,t) \qquad i=1,2,3 \tag{4-3}$$

式中：h_c 是 x_i 和 t 的给定函数。

已知流量边界为：

$$k_r(h)\sum_{i=1}^{3}\left[\sum_{j=1}^{3}k_{ij}\frac{\partial h}{\partial x_j}+k_{i3}\right]n_i=-q(x_i,t) \tag{4-4}$$

式中：n_i 为边界面法向矢量的第 i 个分量；q 为 x_i 和 t 的给定函数。

地表入渗边界目前的处理方法是，要么作为已知流量边界（降雨入渗），要么作为已知水头边界（积水入渗）。由于事先很难精确确定地表入渗边界到底是流量边界还是水头边界，这样处理是不尽合理的。为了更客观地描述实际入渗边界条件的变化规律，这里对地表入渗边界的处理提出了一种新的更合理的方法，即：

在计算过程中根据式(4-5)和式(4-6)是否满足来确定地表入渗边界是作为已知水头边界还是作为已知流量边界。

$$\left|k_r(h)\sum_{i=1}^{3}\left[\sum_{j=1}^{3}k_{ij}\frac{\partial h}{\partial x_j}+k_{i3}\right]n_i\right|\leqslant|E_S| \tag{4-5}$$

式中：E_S 为给定的势表面通量（入渗时取降雨强度值）；k_r、k_{ij} 和 h 的意义同式(4-1)；n_i 的意义同式(4-4)。

式(4-5)中的左端表示最大入渗能力。当最大入渗能力小于等于给定的势表面通量时，实际的入渗流量受给定的势表面通量控制；反之受最大入渗能力控制。由于在求得压力水头场之前，无法确定最大入渗能力，故当入渗边界作为已知流量边界时，其入渗流量值先根据给定势表面通量假定，在随后的迭代计算中再逐步调整。

地表入渗边界的具体处理方法叙述如下：

在任一时步的第一次迭代期间，入渗边界作为流量等于给定势流量的一部分（给定势流量乘以地表入渗系数）的已知流量边界。

若入渗边界上某结点计算的压力水头值满足式(4-6)，则该结点的流量绝对值按式(4-7)计算的值被增大，在随后的迭代中继续作为已知流量边界。

$$h_L \leqslant h \leqslant 0 \tag{4-6}$$

式中：h_L 为地表最小允许压力水头（其计算方法 Feddes 等已给出[187]）。

$$\frac{|h_L|}{|h_L - h_n|} \tag{4-7}$$

式中：h_L 意义同式(4-6)，h_n 为入渗边界上结点的压力水头计算值。

若某结点计算的压力水头值不满足式(4-6)，则该结点在随后的迭代中变成已知水头边界，压力水头值 $h_n=0$。

任何计算阶段式(4-5)不满足，即计算流量超过给定势流量，则结点流量被给定，等于势流量，并再作为已知流量边界。

雾化雨入渗边界的处理与前述地表入渗边界的处理类似，只不过不同的分区要采用不同的入渗强度。

出逸边界的处理目前多沿用饱和渗流模型的处理方法，这也不尽合理。这里针对非饱和渗流的特点，提出了如下的处理方法。

出逸边界分为饱和部分（即以往饱和渗流模型中所指的出逸边界）和非饱和部分，开始时凭经验假定。每次迭代，饱和部分作为零压力水头边界，非饱和部分作为不透水边界。迭代过程中连续调整每一部分的长度，直至沿饱和部分所有结点的流量计算值和沿非饱和部分所有结点的压力水头计算值为负值为止。

第三节　等效连续介质模型有限元计算格式的推导

应用 Galerkin 有限元法求解基本微分方程（式(4-1)）。把整个计算空间域离散成 NE 个单元，设压力水头在单元内呈线性变化，则单元内任一点的压力水头可表达为

$$h(x_i,t)=N_m(x_i)h_m(t) \qquad i=1,2,3 \tag{4-8}$$

上式即为 Galerkin 法的试函数。式中：$N_m(x_i)$为单元形函数，$h_m(t)$为结点压力水头值。

把式(4-8)代入式(4-1)得残差：

$$R=\sum_{i=1}^{3}\sum_{j=1}^{3}\frac{\partial}{\partial x_i}\Big[k_r(h)k_{ij}\frac{\partial}{\partial x_i}(N_mh_m+x_3)\Big]-[C(h)+\beta S_S]\frac{\partial}{\partial t}(N_mh_m)-S \tag{4-9}$$

应用 Galerkin 加权余量法，以形函数 $N_n(x_i)$ 为权函数，即取权函数 $W_n(x_i)=N_n(x_i)$，则为使试函数 $h(x_i,t)$ 逼近偏微分方程的精确解，要求在整个计算域 G 内满足：

$$\iiint_G RW\mathrm{d}G=\iiint_G\Big\{\sum_{i=1}^{3}\sum_{j=1}^{3}\frac{\partial}{\partial x_i}\Big[k_r(h)k_{ij}\frac{\partial}{\partial x_j}(N_mh_m+x_3)\Big]-[C(h)+\beta S_s]\frac{\partial}{\partial t}(N_mh_m)-S\Big\}N_n\mathrm{d}G=0 \tag{4-10}$$

应用格林第一公式[188]，由上式可得：

$$\iiint_G\sum_{i=1}^{3}\sum_{j=1}^{3}k_r(h)k_{ij}\frac{\partial N_n}{\partial x_i}\frac{\partial}{\partial x_j}(N_mh_m)\mathrm{d}G+\iiint_G\sum_{i=1}^{3}k_r(h)k_{i3}\frac{\partial N_n}{\partial x_i}\mathrm{d}G$$
$$=\oint\!\!\!\oint_S N_nk_r(h)\sum_{i=1}^{3}\Big[\sum_{j=1}^{3}k_{ij}\frac{\partial}{\partial x_j}(N_mh_m)+k_{i3}\Big]n_i\mathrm{d}S-\iiint_G[C(h)+\beta S_S]N_n\frac{\partial}{\partial t}(N_mh_m)\mathrm{d}G-\iiint_G SN_n\mathrm{d}G \tag{4-11}$$

式中：S 为计算域边界。

对于离散化的整个计算域有：

$$\sum_{e=1}^{NE}\Big[\iiint_{G_e}\sum_{i=1}^{3}\sum_{j=1}^{3}k_r^e(h)k_{ij}^e\frac{\partial N_n^e}{\partial x_i}\frac{\partial}{\partial x_j}(N_m^eh_m)\mathrm{d}G+\iiint_{G_e}[C^e(h)+\beta S_S^e]N_n^e\frac{\partial}{\partial t}(N_m^eh_m)\mathrm{d}G\Big]$$
$$=\sum_{e=1}^{NE}\Big[\oint\!\!\!\oint_{S_e}N_n^ek_r^e(h)\sum_{i=1}^{3}\Big[\sum_{j=1}^{3}k_{ij}^e\frac{\partial}{\partial x_j}(N_m^eh_m)+k_{i3}^e\Big]n_i\mathrm{d}S-\iiint_{G_e}\sum_{i=1}^{3}k_r^e(h)k_{i3}^e\frac{\partial N_n^e}{\partial x_i}\mathrm{d}G-\iiint_{G_e}SN_n^e\mathrm{d}G\Big] \tag{4-12}$$

式中带上标“e”的符号表示相应于单元的量。如 G_e 为单元域；S_e 为单元边界。

上式可简写为下述拟线性一阶微分方程组：

$$\sum_{m=1}^{NP}A_{nm}h_m+\sum_{m=1}^{NP}F_{nm}\frac{\mathrm{d}h_m}{\mathrm{d}t}=Q_n-B_n-D_n\quad n=1,\cdots,NP,\ NP\text{ 为结点数} \tag{4-13}$$

其中 $A_{nm}=\sum_e A_{nm}^e=\sum_e\Big(\sum_{i=1}^{3}\sum_{j=1}^{3}k_r^e(h)k_{ij}^e\iiint_{G_e}\frac{\partial N_n^e}{\partial x_i}\frac{\partial N_m^e}{\partial x_j}\mathrm{d}G\Big)$，

$$F_{nm}=\sum_e F_{nm}^e=\begin{cases}\sum_e \iiint_{G_e}[C^e(h)+\beta S_S^e]N_n^e N_m^e \mathrm{d}G & n=m \\ 0 & n\neq m\end{cases},$$

$$Q_n=\sum_e Q_n^e=\sum_e \oiint_{S_e} N_n^e k_r^e(h)\sum_{i=1}^{3}\Big[\sum_{j=1}^{3}k_{ij}^e\frac{\partial}{\partial x_j}(N_m^e h_m)+k_{i3}^e\Big]n_i \mathrm{d}S,$$

$$B_n=\sum_e B_n^e=\sum_e\Big(\sum_{i=1}^{3}k_r^e(h)k_{i3}^e\iiint_{G_e}\frac{\partial N_n^e}{\partial x_i}\mathrm{d}G\Big),$$

$$D_n=\sum_e D_n^e=\sum_e\iiint_{G_e}SN_n^e \mathrm{d}G$$

上述式中带上标“e”的符号代表某个单元的相应的量。

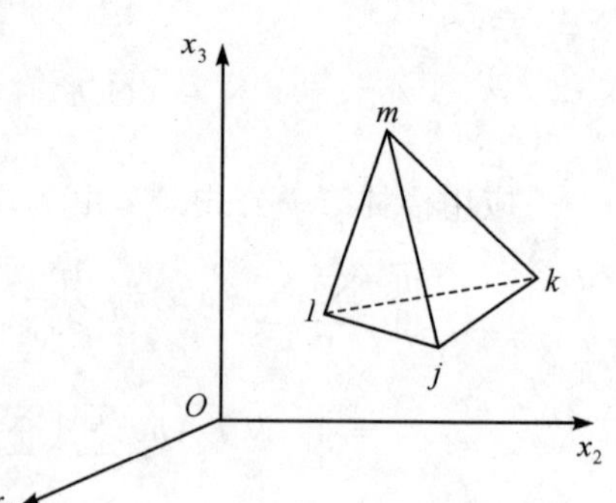

图 4-2　四面体单元

编制有限元计算程序时，仅对四面体单元进行单元分析（其他形状的单元将通过程序自动分解为四面体单元来处理），故这里仅针对四面体单元给出式（4-13）中的系数的计算公式。如图 4-2，四面体单元结点 i、j、k、m 按右手螺旋法则编号。单元结点 i、j、k、m 的坐标分别记为：$(x_{1i},\ x_{2i},\ x_{3i})$、$(x_{1j},\ x_{2j},\ x_{3j})$、$(x_{1k},\ x_{2k},\ x_{3k})$、$(x_{1m},\ x_{2m},\ x_{3m})$。

对四面体单元，其单元形函数为：

$$N_n=\frac{1}{6V}(a_n+b_nx_1+c_nx_2+d_nx_3)\qquad n=i,j,k,m \tag{4-14}$$

式中：$V=\frac{1}{6}\begin{vmatrix}1 & x_{1i} & x_{2i} & x_{3i}\\ 1 & x_{1j} & x_{2j} & x_{3j}\\ 1 & x_{1k} & x_{2k} & x_{3k}\\ 1 & x_{1m} & x_{2m} & x_{3m}\end{vmatrix}$ 为四面体体积；$a_i=\begin{vmatrix}x_{1j} & x_{2j} & x_{3j}\\ x_{1k} & x_{2k} & x_{3k}\\ x_{1m} & x_{2m} & x_{3m}\end{vmatrix}$，$b_i=\begin{vmatrix}1 & x_{2j} & x_{3j}\\ 1 & x_{2k} & x_{3k}\\ 1 & x_{2m} & x_{3m}\end{vmatrix}$，$c_i=\begin{vmatrix}1 & x_{1j} & x_{3j}\\ 1 & x_{1k} & x_{3k}\\ 1 & x_{1m} & x_{3m}\end{vmatrix}$，$d_i=\begin{vmatrix}1 & x_{1j} & x_{2j}\\ 1 & x_{1k} & x_{2k}\\ 1 & x_{1m} & x_{2m}\end{vmatrix}$；其他系数根据右手螺旋法则类似确定[189]。

形函数对坐标的偏导数为：

$$\frac{\partial N_n}{\partial x_1}=\frac{b_n}{6V},\quad \frac{\partial N_n}{\partial x_2}=\frac{c_n}{6V},\quad \frac{\partial N_n}{\partial x_3}=\frac{d_n}{6V},\qquad n=i,j,k,m \tag{4-15}$$

由式（4-14）和式（4-15）得式（4-13）中的系数的计算公式如下：

$$A_{nm}=\sum_{e}\frac{\overline{k_r}}{36V}[k_{11}b_nb_m+k_{12}(b_nc_m+c_nb_m)+k_{13}(b_nd_m+d_nb_m)+k_{22}c_nc_m$$
$$+k_{23}(c_nd_m+d_nc_m)+k_{33}d_nd_m]$$

$$\left.\begin{aligned}F_{nm}&=\sum_{e}\frac{V}{20}[(2C_i+C_j+C_k+C_m)+5\beta S_S] &\quad n=m\\ F_{nm}&=0 &\quad n\neq m\end{aligned}\right\}$$

$$Q_n=-(S_aq)_n,\ B_n=\sum_{e}\frac{1}{6}\overline{k_r}(k_{13}b_n+k_{23}c_n+k_{33}d_n),\ D_n=\sum_{e}\int_{G^e}SN_n^e\mathrm{d}G$$

上述式中:V 为四面体体积;$\overline{k_r}=\frac{1}{4}(k_{ri}+k_{rj}+k_{rk}+k_{rm})$为平均相对渗透系数;$k_{ij}$($i,j=1,2,3$)为等效饱和渗透张量;$b$, c, d 根据结点坐标求得[189];S_a 为结点的控制面积;q 是边界上的水流速度;N_n^e 为单元形函数;S_S,C 和 S 的意义同式(4-1)。

式(4-13)中含有对时间的微分,可采用隐式差分或中心差分代替时间微分来离散时间域。若整个模拟期内计算域各部分均保持非饱和,或饱和区比贮存到处大于零,则采用中心差分格式可得较好结果(中心差分格式可减弱数值弥散)。但若计算域部分饱和且比贮存为零,则中心差分格式的方程不能求解,应采用隐式差分格式[189]。

时间项采用隐式差分得有限元计算格式为:

$$\sum_{m=1}^{NP}\left[A_{nm}^{k+1/2}+\frac{1}{\Delta t_k}F_{nm}^{k+1/2}\right]h_m^{k+1}=Q_n^{k+1/2}-B_n^{k+1/2}-D_n^{k+1/2}+\sum_{m=1}^{NP}\frac{1}{\Delta t^k}F_{nm}^{k+1/2}h_m^k$$
$$n=1,\cdots,NP \tag{4-16}$$

式中:k 表示时步数,$\Delta t^k=t^{k+1}-t^k$。

为减缓 h 在极限值附近的波动,式(4-16)中的系数在半时间步长内计算。

时间项采用中心差分格式的有限元计算格式为:

$$\sum_{m=1}^{NP}\left[A_{nm}^{k+1/2}+\frac{2}{\Delta t_k}F_{nm}^{k+1/2}\right]h_m^{k+1}=2Q_n^{k+1/2}-2B_n^{k+1/2}-2D_n^{k+1/2}$$
$$-\sum_{m=1}^{NP}[A_{nm}^{k+1/2}-\frac{2}{\Delta t^k}F_{nm}^{k+1/2}]h_m^k\qquad n=1,2,\cdots,NP \tag{4-17}$$

由于系数值依赖于待求未知量的值,故上述两种有限元计算格式均是非线性的,其迭代算法参见本章第四节"迭代计算方法的讨论"中的叙述。

第四节　等效连续介质模型有限元计算程序的研制

一、程序编制及程序流程图

根据上述有限元计算格式(式(4-16)和式(4-17))和前述边界条件的处理方

法，采用 FORTRAN90 语言编制了求解考虑地表入渗的三维稳定非稳定、饱和非饱和渗流场的大型有限元计算程序 SUSS3D。

在研制开发程序过程中，充分考虑到了程序功能和结构上的通用性。SUSS3D 程序主要具有以下特点：

(1)程序既可求解稳定流问题，也可求解非稳定流问题，还可求解初始为稳定流而后转为非稳定流或者初始为非稳定流最终为稳定流的问题。

(2)已知水头边界条件可以随时间而变化。

(3)入渗边界条件可以是阶段变化的，这一点很适合模拟实际的降雨情况。

(4)为模拟雾化雨入渗，入渗边界上的不同区域可以有不同的入渗强度。

(5)对非稳定流问题可以采用变化的时间步长。

(6)程序运行过程中可以中途停止，而后再继续运行，在继续运行之前，可以改变边界条件和材料信息。

(7)剖分所用的单元可为四结点四面体单元、六结点五面体单元或八结点六面体单元，以适应计算域的复杂边界形状，程序会自动把五面体单元和六面体单元分解为多个四面体单元来进行单元分析。

综上所述，SUSS3D 程序能充分满足实际工程问题复杂多变的要求，具有很好的通用性和灵活性。

SUSS3D 程序的主要流程见图 4-3。

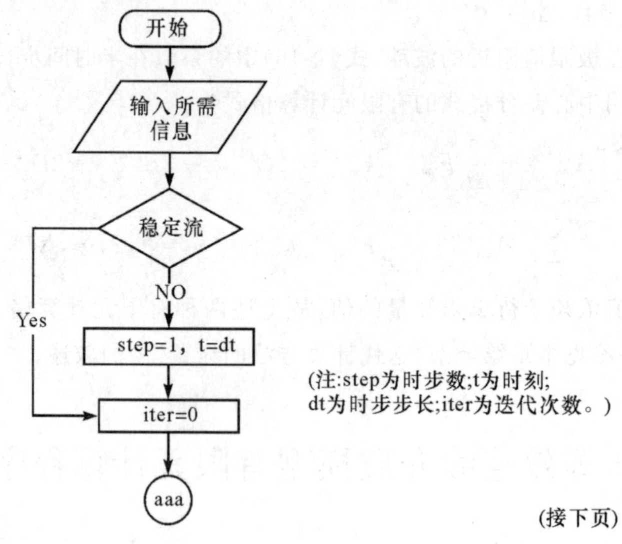

(接下页)

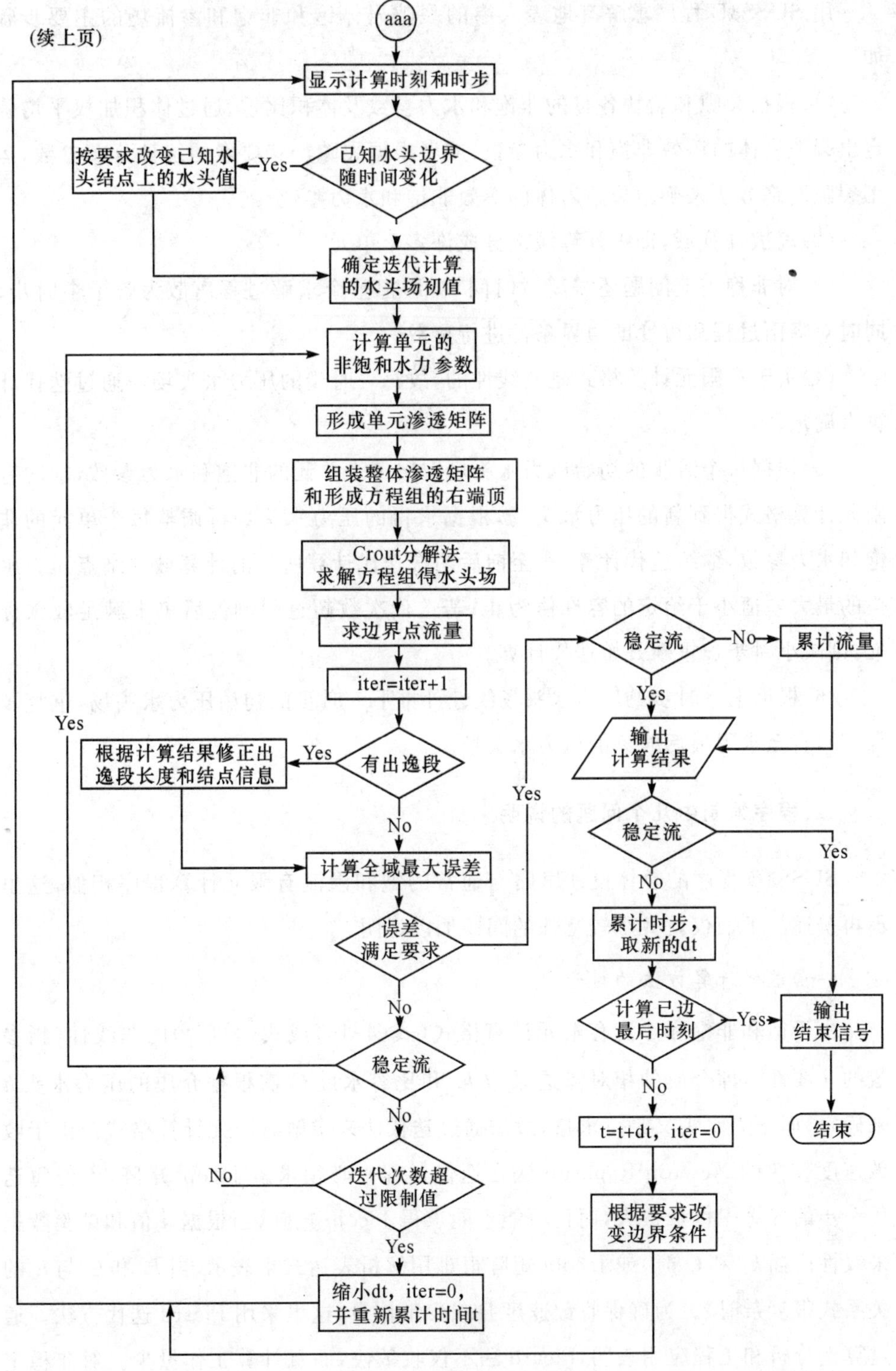

图 4-3 SUSS3D 程序流程图

用SUSS3D程序求解有地表入渗的裂隙岩体饱和非饱和渗流场的主要步骤如下：

(1)根据裂隙和岩块各自的非饱和水力参数及体积比重，通过体积加权平均确定出裂隙岩体的等效非饱和水力参数；或者根据裂隙产状要素的统计分布参数，运用裂隙网络方法来确定裂隙岩体的等效非饱和水力参数。

(2)离散计算域，即把计算域剖分成许多个单元。

(3)对非稳定流问题还需离散时间域，即把整个求解过程离散为若干个时步，同时对降雨过程和可变的边界条件进行离散。

(4)由于有限元计算格式是非线性的，故每一时步的压力水头场需通过迭代计算来确定。

(5)根据每个时步的初始压力水头场定出每个单元的非饱和水力参数，求解有限元计算格式得到新的压力水头场，根据求得的压力水头场再调整每个单元的非饱和水力参数，继续迭代计算，直至前后两次迭代计算所得的计算域内结点压力水头的最大差值小于给定的容许值为止；若迭代次数超过限制值后仍未满足收敛标准，则减小时步长重新开始迭代计算。

(6)根据上一时步的压力水头场线性外推下一时步的初始压力水头场，重复步骤(5)，直至求得最后时刻的压力水头场。

二、程序编制中几个问题的说明

SUSS3D程序的总体设计思路与通常的饱和渗流有限元计算程序相似，这里不再赘述。下面仅就几个较特殊的问题加以说明。

(一)迭代计算方法的讨论

由于饱和非饱和渗流有限元计算格式(式(4-16)或式(4-17))的非线性(指参数的非线性)，即介质的相对渗透系数 k_r 和比容水度 C 需根据介质的压力水头 h 来确定，而压力水头又是待求量，故需通过迭代法来求解有限元计算格式。由于收敛速度较快的 Newton-Raphson 法在迭代过程中必须求解 Jacobi 矩阵，不但每迭代一步的计算工作量很大，而且可能不能求得 Jacobi 矩阵(当根据 h 值和试验数据来线性内插 k_r 和 C 时)或 Jacobi 矩阵很难用解析表达式来表示(当 k_r 和 C 与 h 的关系式很复杂时)。为确保收敛速度并减少工作量，这里采用 Picard 迭代方法。通过算例分析和工程应用表明，Picard 法不仅收敛快，而且计算工作量少。对非稳定流问题，具体迭代方法和步骤如下：

(1)设定一个迭代收敛条件：$|h_{l+1}^{k}-h_{l}^{k}|_{\max}<\varepsilon$，其中上标 k 代表第 k 时步，下标 $l+1$ 和 l 分别代表第 $l+1$ 次和第 l 次迭代得到的值，下标 max 表示求全域内的最大值，即所有结点压力水头前后两次迭代结果之间的最大差值，ε 为前后两次迭代计算结果间的误差允许值。

(2)根据 t^{k-1} 和 t^{k} 时刻的压力水头场 h^{k-1} 和 h^{k}，线性外推待求时刻 t^{k+1} 的初始压力水头场，即 $h_{0}^{k+1}=h^{k}(k=0$ 时)或 $h_{0}^{k+1}=h^{k}+\left(\dfrac{\Delta t^{k}}{\Delta t^{k-1}}\right)(h^{k}-h^{k-1})(k>0$ 时)，其中，k 为时步数，$\Delta t^{k}=t^{k+1}-t^{k}$。

(3)由 $t^{k+1/2}$ 时刻的压力水头场 $h_{l}^{k+\frac{1}{2}}=\dfrac{(h^{k}+h_{l}^{k+1})}{2}$ 确定出各单元的相对渗透系数 k_r 和比容水度 C 后，计算出有限元计算格式中的 $A_{nm}^{k+1/2}$，$F_{nm}^{k+1/2}$，$Q_{n}^{k+1/2}$，$B_{n}^{k+1/2}$ 和 $D_{n}^{k+1/2}$，用 Crout 分解法求解有限元计算格式得新的压力水头场 h_{l+1}^{k+1}。

(4)将 h_{l+1}^{k+1} 与 h_{l}^{k+1} 进行比较，若满足收敛条件，则 $h^{k+1}=h_{l+1}^{k+1}$，结束迭代，进入下一时步，否则，把 h_{l+1}^{k+1} 作为 h_{l}^{k+1}，重复第(3)步和第(4)步直至满足收敛条件或迭代次数超过规定的上限值(对非稳定流问题，若在规定的迭代次数内不能满足收敛条件，还需缩小时步长，重新累计时间和时步，重新开始迭代)。

对于稳定流问题，无需采用上述 Picard 迭代方法，只需先假定一个初始压力水头场，再采用一般的迭代方法即可求得饱和非饱和渗流场。

(二)非饱和水力参数的确定

由于有限元计算格式是非线性的，即方程组中的相对渗透系数 k_r 和比水容度 C 是随压力水头 h(或含水量 θ)的变化而变化的。饱和非饱和渗流场的迭代求解过程，实际上就是根据所求得的压力水头场不断调整相对渗透系数 k_r 和比水容度 C 再重新求解压力水头场的过程。在程序设计中，考虑了两种确定相对渗透系数 k_r 和比容水度 C 的计算方法。

1. 线性内插法

该法就是将通过试验获得的 $h\sim\theta$ 和 $k_r\sim\theta$ 关系编入输入数据文件中，在迭代求解过程中，将求得的渗流场中任一点的压力水头值 h 与所输入的 $h\sim\theta$ 关系表进行对照，运用线性内插法求得含水量 θ 后，再与所输入的 $k_r\sim\theta$ 关系表进行对照，同样通过线性内插即可得到该点对应的相对渗透系数 k_r。比容水度 C 与含水量 θ 的关系通过 $h\sim\theta$ 关系表求得。

下面举一简单例子来说明线性内插法的运用。若某种介质通过试验获得的 $h\sim\theta$ 和 $k_r\sim\theta$ 对应关系如表 4-1 和表 4-2 所示，则在迭代计算过程中算得某一点的

压力水头 $h=-7.5$cm 时,根据输入的 $h\sim\theta$ 和 $k_r\sim\theta$ 关系表可以线性内插求得:

含水量: $\theta=0.0348+\dfrac{(-7.5)-(-8.01)}{(-5.0)-(-8.01)}\times(0.0696-0.0348)=0.0407$

相对渗透系数: $k_r=0.00056+\dfrac{0.0407-0.0348}{0.0696-0.0348}\times(0.0011-0.00056)=0.000648$

对应的比容水度: $C=\dfrac{\Delta\theta}{\Delta h}=\dfrac{0.0696-0.0348}{(-5.0)-(-8.01)}=0.001156$

表 4-1　某介质的负压力水头 h 与含水量 θ 的关系表

h/cm	−142.5	−21.9	−11.0	−8.01	−5.0	−4.03	−3.37	−2.93	0.0
θ	0.001	0.007	0.0209	0.0348	0.0696	0.1044	0.1392	0.174	0.348

表 4-2　某介质的相对渗透系数 k_r 与含水量 θ 的关系表

θ	0.0209	0.0348	0.0696	0.1044	0.1392	0.174	0.2436	0.3132	0.348
k_r	0.0001	0.0056	0.0011	0.0059	0.0209	0.0526	0.22	0.639	1.0

当压力水头值在上表的负压范围之外时,由于当负压很大时,相对渗透系数和比容水度都接近于0,所以 θ 和 k_r 均可取表中的下界值,而不会对求解精度有大的影响,同时又能保证良好的收敛性。况且,当介质高度非饱和时,上述非饱和水力参数的测定本身就非常困难,很难保证其测量的准确性。故在高度非饱和区强求 k_r 和 C 的精确是没有意义的。

2. 拟合模型法

当无法通过试验获得比较详尽的 $h\sim\theta$ 和 $k_r\sim\theta$ 关系数据时,可根据已有的少量数据点用最小二乘法拟合出 Van Genuchten 模型和 Brooks-Corey 模型中的参数,并将求得的拟合参数作为介质的材料信息编入输入数据文件。迭代计算过程中,就可按式(4-18)、式(4-19)和式(4-20)或式(4-21)、式(4-22)和式(4-23)根据压力水头 h 来确定相对渗透系数 k_r 和比容水度 C。

(1)Van Genuchten 模型:

$$h(\theta)=\frac{1}{\alpha}\left[\left(\frac{\theta-\theta_r}{\theta_s-\theta_r}\right)^{-\frac{1}{m}}-1\right]^{1-m} \tag{4-18}$$

$$k_r(\theta)=\left(\frac{\theta-\theta_r}{\theta_s-\theta_r}\right)^{0.5}\left[1-\left(1-\left(\frac{\theta-\theta_r}{\theta_s-\theta_r}\right)^{\frac{1}{m}}\right)^{m}\right]^{2} \tag{4-19}$$

由式(4-18)可得:

$$C(\theta)=\frac{\mathrm{d}\theta}{\mathrm{d}h}=\frac{\alpha m(\theta_s-\theta_r)}{m-1}(\alpha h)^{\frac{m}{1-m}}\left[1+(\alpha h)^{\frac{1}{1-m}}\right]^{-m-1} \tag{4-20}$$

(2)Brooks-Corey 模型：

$$h(\theta)=h_0\left(\frac{\theta-\theta_r}{\theta_s-\theta_r}\right)^{-\frac{1}{\lambda}} \tag{4-21}$$

$$k_r(\theta)=\left(\frac{\theta-\theta_r}{\theta_s-\theta_r}\right)^{\left(2.5+\frac{2.0}{\lambda}\right)} \tag{4-22}$$

由式(4-21)可得：

$$C(\theta)=-\frac{\lambda}{h_0}(\theta_s-\theta_r)\left(\frac{h}{h_0}\right)^{-\lambda-1} \tag{4-23}$$

(二)结点信息的给定

与以往的稳定饱和渗流模型不一样，结点信息除了结点坐标外，还需提供结点类型 *KODE*、结点初始压力水头 *P*1 和通过结点进出系统的流量 *Q*。不同类型结点的 *KODE*、*P*1 和 *Q* 的用法如下：

(1)内部非源汇结点：*KODE*=0，*P*1=初值，*Q*=0.0。

(2)内部源汇结点：*KODE*=0，*P*1=初值，*Q*=进出内边界的流量。

(3)不透水边界结点：*KODE*=0，*P*1=初值，*Q*=0.0。

(4)已知流量边界结点：*KODE*=0，*P*1=初值，*Q*=已知流量。

(5)已知水头边界结点：*KODE*=1，*P*1=初值，*Q*=0.0。

(6)入渗边界(已知流量)结点：*KODE*=−4，*P*1=初值，*Q*=给定入渗流量。

(7)入渗边界(已知压力水头)结点：*KODE*=4，*P*1=0.0，*Q*=0.0。

(8)出逸面(饱和部分)边界结点：*KODE*=2，*P*1=0.0，*Q*=0.0。

(9)出逸面(非饱和部分)边界结点：*KODE*=−2，*P*1=初值，*Q*=0.0。

在计算过程中，对上述第(6)类结点和第(7)类结点，程序会根据计算结果自动加以调整(即互相转换)；同样，对第(8)类结点和第(9)类结点，程序也会根据计算结果自动加以调整。

此外，为求解边界条件随时间变化的问题，SUSS3D 程序提供了重赋边界条件，继续往下计算的功能。边界结点的 *KODE* 值在任何计算阶段可变为 0，1，2 和 −2，除能改变边界结点类型外，还能改变赋给边界结点的值。此外还能改变材料信息。

(四)入渗边界和出逸边界的处理

入渗边界和出逸边界的处理是有地表入渗的饱和非饱和渗流分析的难点和关

键所在,处理正确与否直接关系到地表入渗下的饱和非饱和渗流的模拟精度。传统的处理方法是将地表入渗边界作为已知流量边界(对降雨入渗)或已知水头边界(对积水入渗),实际上事先是难以确定地表入渗边界到底是已知流量边界还是已知水头边界条件[90],尤其是降雨入渗边界,故这样处理不太妥当。目前对出逸边界的处理同饱和渗流模型,也有待于斟酌[90]。这里针对地表入渗问题的特点,提出了一种新的入渗边界和出逸边界的处理方法(已在本章第二节"定解条件及其处理方法"中作了简单阐述),下面将详细叙述如何在 SUSS3D 程序中实现。

在编制 SUSS3D 有限元计算程序时,地表入渗边界和出逸边界的处理方法如下:

对入渗边界,首先根据降雨(或雾化雨)强度 $\varepsilon(t)$ 和入渗单元面的外法线方向 $\vec{n}=(n_1,n_2,n_3)$ 及入渗单元面积 A_i,求出地表入渗边界上各单元面的入渗势流量 $q_i(t)$:

$$q_i(t)=\varepsilon(t)A_in_3 \tag{4-24}$$

假设入渗势流量均匀分布于单元面上,则可将分布在单元面上的入渗势流量平均分配到单元的各个结点上。通过对围绕每个入渗结点的单元求和,即可得到所有入渗结点上的给定势流量。

由于事先难以精确确定地表入渗边界条件,故计算过程中根据式(4-5)和式(4-6)是否满足来确定地表入渗边界是作为已知水头边界还是作为已知流量边界。

在任一时步的第一次迭代期间,入渗边界作为流量等于给定势流量的一部分(给定势流量乘以地表入渗系数)的已知流量边界,相应的结点类型信息为-4。迭代计算后,若入渗边界上某结点计算的压力水头值满足式(4-6),则在随后的迭代中该结点的流量绝对值按式(4-7)计算的值被增大,继续作为已知流量边界,结点类型信息仍为-4。若某结点计算的压力水头值不满足式(4-6),则该结点在随后的迭代中变成已知水头边界,压力水头值 h_n 赋为 0,其结点类型信息改为 4。任何计算阶段式(4-5)不满足,即计算流量超过给定势流量,则结点流量被给定,等于给定势流量,并再作为已知流量边界,结点类型信息为-4。

出逸边界先分为饱和与非饱和两部分,开始时凭经验假定。每次迭代,饱和部分作为零压力水头边界,其结点类型信息为 2;非饱和部分作为不透水边界,其结点类型信息为-2。迭代计算后,若原为非饱和部分的结点,其压力水头计算值大于或等于 0,则在随后的迭代计算中变为饱和部分的结点,压力水头值赋为 0,结点类型信息改为 2;若原为饱和部分的结点,其流量计算值大于或等于 0,则在随后的迭代计算中变为非饱和部分的结点,流量值赋为 0,结点类型信息改为-2;在每一时步的迭代计算过程中,需连续调整每一部分的长度,直至沿饱和部分所有结点的流量计算值和沿非饱和部分所有结点的压力水头计算值为负值为止,表明水只能通过饱和部分流出流动域。

(五)初始水头场的确定

进行有地表入渗的裂隙岩体非稳定/饱和非饱和渗流场模拟时,首先需要给定计算域的初始水头场。计算域饱和区的初始水头场可根据饱和渗流模型的计算结果来确定。但在缺乏实测值的情况下,非饱和区的初始水头场很难准确确定(目前一般均凭经验采用假设值[190],但不管怎么假设均会存在较大的误差),而非饱和区初始水头场的准确性又直接影响着模拟结果的准确性,因为前期含水量(对应于初始水头场)决定着入渗量的大小[191]。因此应十分重视初始水头场的确定。

由于裂隙岩体非饱和区的初始水头非常难以测定,并且实测水头值要耗费巨大的人力、物力,而采用假设值又存在较大的误差。故这里将建议一种运用人工神经网络理论来预测非饱和区初始水头场的方法。

人工神经网络(Artificial Neural Networks)是一种高度非线性映射处理系统,具有强大的自组织、自学习、自适应和分类计算能力。人工神经网络理论是基于生物大脑结构和功能而建立起来的,非常适合于预测非饱和区初始水头场[136]。

人工神经网络方法预测非饱和区初始水头场的基本思路如下:首先把非饱和区水头值的实测资料作为输入模式(教师值),进行网络学习训练,得到一组可信的权值。然后由训练好的网络对未知模式(学生值,即待确定的初始水头场)进行内插,就可得到所需的非饱和区初始水头场的预测值。具体的实施步骤参见文献[136]。关于人工神经网络方法的具体原理可参见文献[192],这里不再赘述。

若有足够多的可靠的实测资料,就可根据它们训练出可信的网络,由训练好的网络预测的非饱和区初始水头场应具有足够的精度。SUSS3D 程序含有由人工神经网络方法预测非饱和区初始水头场的接口,若资料充分,非稳定流问题的初始水头场可由人工神经网络方法来预测。

第五节 算例分析

本节将通过两个算例的分析来检验 SUSS3D 程序的合理可行性,并初步展现 SUSS3D 程序功能强大的特点。

一、排水试验

由于把裂隙岩体等效为连续介质来处理，故可用多孔介质的模型试验结果来检验 SUSS3D 程序的合理性，为此对文献[189]中介绍的排水试验进行了渗流分析。

文献[189]中介绍的 Duke 和 Hedstrom 等人的室内排水试验模型长 1220.0cm，深 122.0cm，宽 5.1cm。模型材料为各向同性的 Poudre 砂，砂的单位贮存量为 0.0，孔隙率为 0.348，饱和渗透系数为 6.44×10^{-3}cm/s，毛细压力、相对渗透系数与含水量的关系见表 4-3。模型试验槽末端的完全排水沟中保持常水位，以模拟土表面常速率入渗，入渗速率为 10.35cm/d。排水试验模型槽的垂直纵剖面图如图 4-4 所示(考虑到对称性，仅取半段模型槽作为计算域)。

开始时模型槽内的砂为非饱和，其初始压力水头场的分布为：各点的总水头等于 0，即压力水头等于位置水头的负值。

表 4-3 Poudre 砂的非饱和水力参数

含水量	毛细压力/(cm 水头)	相对渗透系数
0.0010	1425.0	0.000002
0.0209	110.0	0.00001
0.0348	80.1	0.00056
0.1044	40.3	0.00599
0.1392	33.7	0.0204
0.1740	29.3	0.0526
0.2088	27.6	0.114
0.2784	24.2	0.387
0.3132	21.8	0.639
0.3480	0.0	1.0

应用 SUSS3D 程序对上述排水试验进行模拟的计算条件同模型试验条件，模拟持续到稳定状态(入渗 8 天后达稳定)。用 SUSS3D 程序预测的 8 天后自由面位置和 Duke 实测的自由面位置见图 4-5。可以看出，计算结果与实测结果很接近，其差异可能是由于实验室测量误差和砂装填得不均匀所致。对比结果说明 SUSS3D 是合理可靠的。

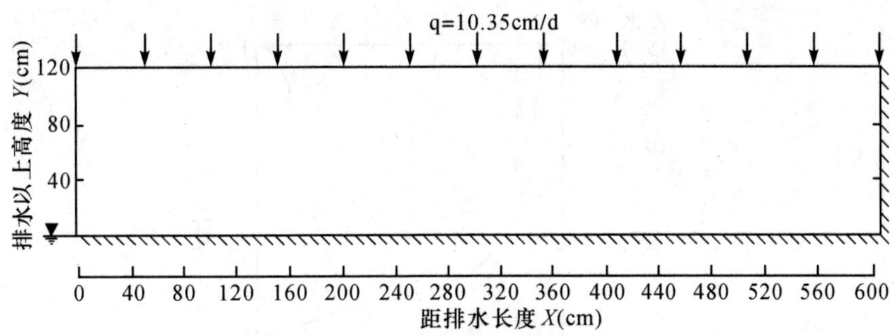

图 4-4　排水试验模型槽垂直纵剖面图

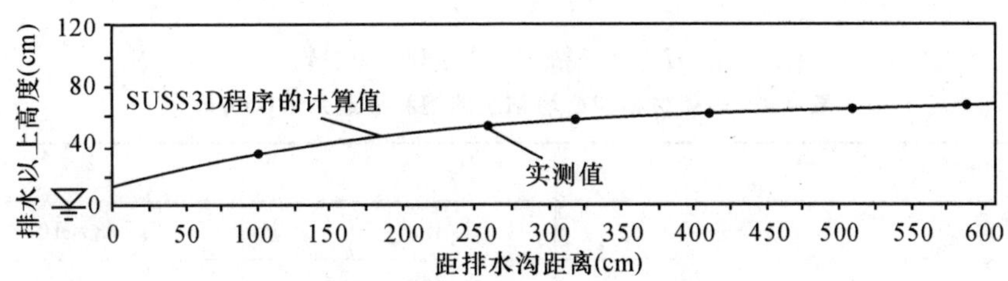

图 4-5　入渗 8 天后稳定状态下实测和计算的自由面

二、土坝饱和非饱和渗流分析

本算例用来说明如何模拟变水头边界条件下非均质各向异性材料的渗流问题，即粘土心墙坝蓄水过程中的饱和非饱和渗流问题。

土坝的横断面图如图 4-6 所示，坝高 15.0m，在靠近上游面的砂壳坝体内有粘土心墙，靠近下游侧坝体底部设有排水褥垫。渗流分析时假定排水褥垫为自由出逸面，坝底为不透水边界。砂和粘土的非饱和水力参数如图 4-7 所示，砂的孔隙率为 0.3，粘土的孔隙率为 0.6，两种材料的比贮存均为 0。砂壳材料和心墙粘土料的饱和渗透系数见表 4-4。其中 x 为坝横向；y 为坝纵向；z 为铅直向。

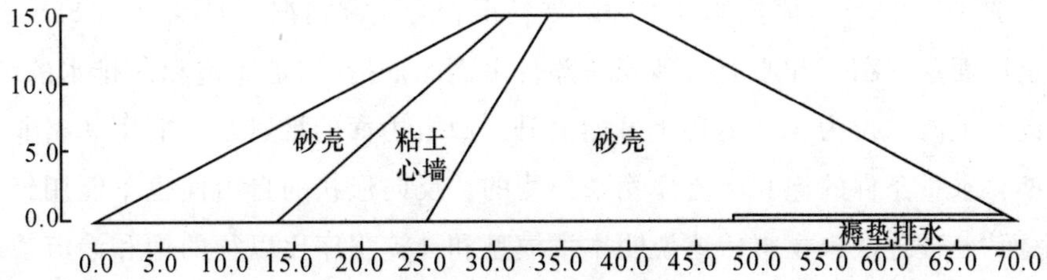

图 4-6　土坝横断面图

由于土坝通常在接近饱和含水量下压实，故初始含水量砂壳取 0.256(对应的压力水头为－0.14m)，心墙取 0.598(对应的压力水头为－0.05m)。

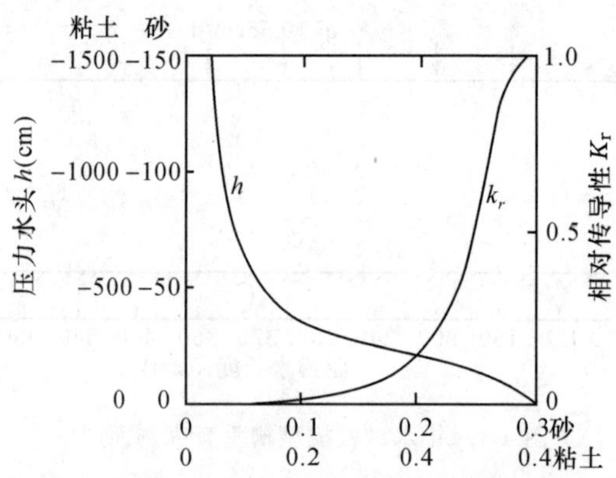

图 4-7　砂和粘土的非饱和水力参数

表 4-4　砂壳材料和心墙粘土的饱和渗透系数(cm/s)

材料	k_x	k_y	k_z
砂	1.389×10^{-4}	1.389×10^{-4}	2.778×10^{-5}
粘土	2.778×10^{-8}	2.778×10^{-8}	2.778×10^{-7}

模拟过程为：零时刻坝后水位瞬时上升至 4.0m。从 $t=182$h 开始水位以常速度上升，直到 $t=374$h 水位达到 12.0m 为止。在以后的模拟中，此水位保持不变，一直模拟至 $t=452$h。模拟结果见图 4-8。

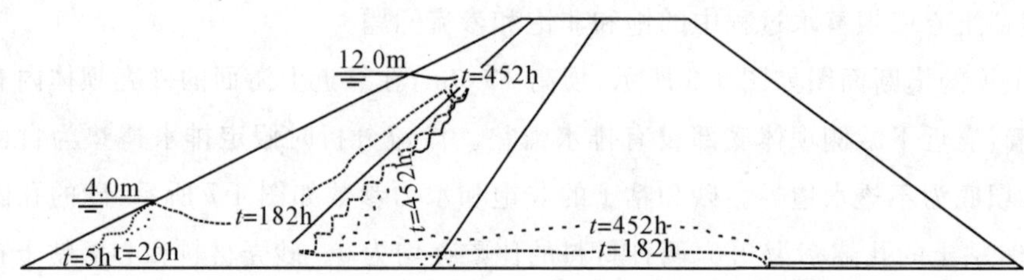

图 4-8　土坝中自由面的进展(SUSS3D 程序的模拟结果)

由图 4-8 可看出，模拟的自由面进展情况符合实际情况。早期($t=182$h 之前)心墙上游面水的积累和心墙后砂壳底部自由面的上抬，均是非饱和区排水的结果，因为此时上游水位为 4.0m，还未开始上升。故自由面的推进是不能用忽略非饱和区早期含水量条件的饱和渗流模型来预测的。反向形状的自由面也不能用经典的"自由面"处理方法来模拟。这说明本章模型和计算程序比以往的饱和渗流模型更合理。上游水位升至 12.0m 后，靠近上游面由于粘土心墙的存在，使自由面在砂壳与心墙的分界面处发生了明显的转折，心墙成功地降低了自由面的高度，防渗效果很显著。在心墙内压力水头线比较陡直，主要原因是该粘土材料的垂直方向渗透系数比水平方向大一个数量级。

由于本算例的计算参数和计算条件与 Neuman 等[20]给出的实例相同,故又同他们的计算结果(见图 4-9)作了比较。比较结果再次说明本章所提出的模型和 SUSS3D 程序确实是正确合理的。

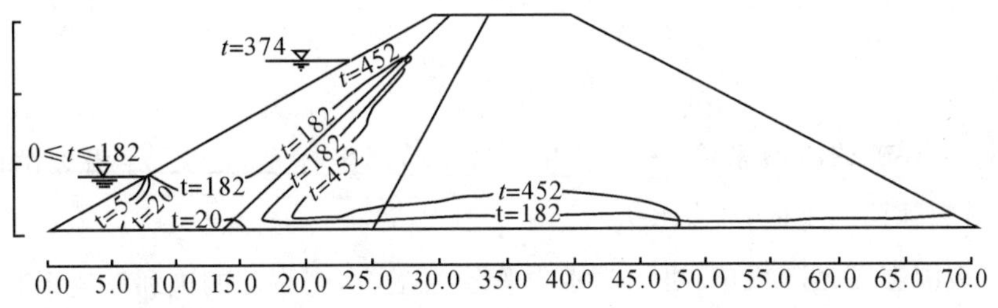

图 4-9 土坝中自由面的进展(Neuman 等的模拟结果)

对有地表入渗的裂隙岩体非饱和渗流问题目前尚无公认的标准解,故验证 SUSS3D 程序的可靠性仍采用多孔介质方面的实例。由于分析模型是等效连续介质模型,因此,对验证程序的正确性而言已足够。关于本章模型和计算程序 SUSS3D 在裂隙岩体非饱和渗流方面的应用及其合理可行性详见第六章中的工程应用,这里不予阐述。

第六节 离散裂隙网络模型

岩体裂隙网络十分复杂,用有限元方法分析裂隙网络非饱和渗流一般如下进行:二维网络由一维单元组成;三维网络由二维单元组成。二维裂隙网络可以分解为多个 2 结点线单元。若某个结点只有一个单元与其相交,则这个单元便是有水无流的单元。进行裂隙网络非饱和渗流分析时,可将这类“死胡同”单元删除。删除所有“死单元”后的裂隙网络称为渗流网络。对二维裂隙网络渗流问题,单元都是一维线单元,求解非常简单。对三维裂隙网络渗流问题,通常的作法是将裂隙面看作为圆盘,按各裂隙圆盘的交线对每一个圆盘剖分为三角形单元,用有限元方法求解。

离散裂隙网络模型认为岩块是不透水的,水只在裂隙网络中流动,只在裂隙内才有水头和流量。正如用等效连续介质模型进行非饱和渗流有限元分析,当单元结点水头求得后,单元内的水头也就完全确定一样。离散裂隙网络非饱和渗流分析也可仿此处理,即只用网络结点的水头值进行后处理求得全域水头等势线。

一、基本假定

1. 裂隙面各向同性并符合达西定律，即：

$$\left.\begin{aligned} u_{x_1} &= -k_f \frac{\partial h}{\partial x_1} \\ u_{x_2} &= -k_f \frac{\partial h}{\partial x_2} \end{aligned}\right\} \tag{4-25}$$

式中：k_f 为裂隙的渗透系数；x_1、x_2 为裂隙面局部坐标系，定义 x_2 沿裂隙面的倾向，x_1 沿裂隙面的走向；h 为水头。

2. 裂隙隙宽是随机值，可取为水力等效隙宽 b_h，则裂隙的饱和渗透系数为：

$$k_f = \frac{g b_h^2}{12\nu} \tag{4-26}$$

式中：g 为重力加速度；ν 为水的运动粘滞系数。

3. 裂隙饱和度 S、相对渗透系数 k_r 与压力水头 h 之间的关系可写为：

$$\left.\begin{aligned} k_r &= f_1(h) \\ S &= f_2(h) \end{aligned}\right\} \tag{4-27}$$

式中：$h>0$ 时，$k_r=1$，$S=1$；$f_1(h)$ 和 $f_2(h)$ 可应用第二章中的物模试验法或数值试验法来确定，当无隙宽变量等资料时，也可用下列近似公式进行分析。

$$f_1(h) = f_2(h) = \exp(\eta h^{\alpha}) \qquad h \leqslant 0 \tag{4-28}$$

当无试验资料时，式中 η 可取为 5，α 可取为 2[153]。

4. 忽略水的压缩性，暂不考虑裂隙变形对渗透系数的影响。

二、基本微分方程

由裂隙取出微元体，其边长为 Δx_1、Δx_2，平均隙宽为 b，在 Δt 时段末微元体内由于饱和度变化引起的水量增量为：

$$\Delta M_1 = \frac{\partial S}{\partial t} b \Delta t \Delta x_1 \Delta x_2 \tag{4-29}$$

同一时段内因流量增量在微元体内产生的水量增量为：

$$\Delta M_2 = -\left(\frac{\partial u_{x_1}}{\partial x_1} + \frac{\partial u_{x_2}}{\partial x_2}\right) b \Delta t \Delta x_1 \Delta x_2 \tag{4-30}$$

按水量守恒 $\Delta M_1 + \Delta M_2 = 0$，有：

$$\frac{\partial u_{x_1}}{\partial x_1} + \frac{\partial u_{x_2}}{\partial x_2} - \frac{\partial S}{\partial t} = 0 \tag{4-31}$$

将达西定律代入式(4-31)，对于裂隙网络非饱和渗流，有：

$$\frac{\partial}{\partial x_1}\left(k_r k_f \frac{\partial h}{\partial x_1}\right)+\frac{\partial}{\partial x_2}\left(k_r k_f \frac{\partial h}{\partial x_2}\right)+\frac{\partial S}{\partial t}=0 \tag{4-32}$$

其中：

$$\frac{\partial S}{\partial t}=\frac{\partial S}{\partial h}\frac{\partial h}{\partial t} \tag{4-33}$$

对于非饱和渗流，有：

$$\frac{\partial S}{\partial h}=f'_2(h) \tag{4-34}$$

将式(4-33)和式(4-34)代入式(4-32)得：

$$\frac{\partial}{\partial x_1}\left(k_r k_f \frac{\partial h}{\partial x_1}\right)+\frac{\partial}{\partial x_2}\left(k_r k_f \frac{\partial h}{\partial x_2}\right)+f'_2(h)\frac{\partial h}{\partial t}=0 \tag{4-35}$$

式(4-35)即为离散裂隙网络模型非饱和渗流基本微分方程[153]。

三、定解条件

(一)初始条件

对二维或三维网络中所有结点，当 $t=0$ 时的水头均为已知，现以三维网络为例，有：$h(x_i,t=0)=h_0(x_i)$，$i=1,2,3$。

(二)边界条件

裂隙网络非饱和渗流边界条件可随时间而改变。边界条件有以下三类：

1. 给定水头的边界：$h(x_i,t)=h_1(x_i,t)$。

2. 给定水头等于高程的边界：$h(x_i,t)=z$。

逸出面为此类边界；当降雨引起的入渗量大于地表裂隙可能入渗强度时，地面各结点属于此类边界。

3. 给定流速的边界：$\frac{\partial h}{\partial n}=V_n$。

式中 n 为裂隙边界法线方向。降雨时，当地表裂隙入渗率 V_n 小于其可能入渗强度时，取此边界条件。

四、有限元计算格式

(一)有限元计算格式的建立

引入权函数 W_i，由 Galerkin 加权余量法可建立离散裂隙网络模型非饱和渗流有限元计算格式。

$$\iint_{\Omega}\left[\frac{\partial}{\partial x_1}\left(k_r k_f \frac{\partial h}{\partial x_1}\right)+\frac{\partial}{\partial x_2}\left(k_r k_f \frac{\partial h}{\partial x_2}\right)+f'_2(h)\frac{\partial h}{\partial t}\right]W_i \mathrm{d}x_1 \mathrm{d}x_2 = 0 \tag{4-36}$$

对式(4-36)中二阶导数项进行分部积分,有:

$$\begin{aligned}
&\iint_{\Omega}\left[\frac{\partial}{\partial x_1}\left(k_r k_f \frac{\partial h}{\partial x_1}\right)+\frac{\partial}{\partial x_2}\left(k_r k_f \frac{\partial h}{\partial x_2}\right)\right]W_i \mathrm{d}x_1 \mathrm{d}x_2 \\
&= -\iint_{\Omega} k_r k_f\left(\frac{\partial h}{\partial x_1}\frac{\partial W_i}{\partial x_1}+\frac{\partial h}{\partial x_2}\frac{\partial W_i}{\partial x_2}\right)\mathrm{d}x_1 \mathrm{d}x_2 \\
&\quad + \int_{\Gamma}\left(k_r k_f \frac{\partial h}{\partial x_1}W_i \mathrm{d}x_2 + k_r k_f \frac{\partial h}{\partial x_2}W_i \mathrm{d}x_1\right) \\
&= -\iint_{\Omega} k_r k_f\left(\frac{\partial h}{\partial x_1}\frac{\partial W_i}{\partial x_1}+\frac{\partial h}{\partial x_2}\frac{\partial W_i}{\partial x_2}\right)\mathrm{d}x_1 \mathrm{d}x_2 + \int_{\Gamma} k_r k_f W_i \frac{\partial h}{\partial n}\mathrm{d}s
\end{aligned} \tag{4-37}$$

式中:n 为裂隙边界法线方向。对二维问题,只有端部才属边界,因而 n 的方向为裂隙与边界面交线的法线方向。

将式(4-37)代入式(4-36),得:

$$\iint_{\Omega} k_r k_f\left(\frac{\partial h}{\partial x_1}\frac{\partial W_i}{\partial x_1}+\frac{\partial h}{\partial x_2}\frac{\partial W_i}{\partial x_2}\right)\mathrm{d}x_1 \mathrm{d}x_2 - \iint_{\Omega} f'_2(h)\frac{\partial h}{\partial t}W_i \mathrm{d}x_1 \mathrm{d}x_2 - q = 0 \tag{4-38}$$

式(4-38)中最后一项为边界上给定的流量。

将裂隙网络剖分成单元,设单元内 k_r、k_f 为常量,则式(4-38)化为:

$$\sum_e\left[\iint_{\Omega} k_r k_f\left(\frac{\partial h}{\partial x_1}\frac{\partial W_i}{\partial x_1}+\frac{\partial h}{\partial x_2}\frac{\partial W_i}{\partial x_2}\right)\mathrm{d}x_1 \mathrm{d}x_2 - \iint_{\Omega} f'_2(h)\frac{\partial h}{\partial t}W_i \mathrm{d}x_1 \mathrm{d}x_2\right] - \sum_e \{q\}^e = 0 \tag{4-39}$$

采用插值函数 N_j,则:

$$\left.\begin{aligned}
x_1 &= N_j x_1(j) \\
x_2 &= N_j x_2(j) \\
h &= N_j h_j
\end{aligned}\right\} \tag{4-40}$$

式中:N_j 为自然坐标 ζ、η 的函数,令 $W_i = N_i$,则式(4-39)可化为:

$$\sum_e\left[\int_{-1}^{1}\int_{-1}^{1} k_r k_f\left(\frac{\partial N_j}{\partial x_1}h_j \frac{\partial N_i}{\partial x_1}+\frac{\partial N_j}{\partial x_2}h_j \frac{\partial N_i}{\partial x_2}\right)J\,\mathrm{d}\xi \mathrm{d}\eta - \int_{-1}^{1}\int_{-1}^{1} f'_2(h)\frac{\partial h_j}{\partial t}N_j N_i J\,\mathrm{d}\xi \mathrm{d}\eta\right] = \sum_e \{q\}^e \tag{4-41}$$

最终可得如下代数方程组:

$$\sum_e\left\{[A]^e\{h\}^e - [B]^e\left\{\frac{\partial h}{\partial t}\right\}^e\right\} - \sum_e \{q\}^e = 0 \tag{4-42}$$

式(4-42)中各矩阵中的系数为:

$$\left.\begin{aligned}A_{ij}^{e}&=k_r k_f\int_{-1}^{1}\int_{-1}^{1}\left(\frac{\partial N_j}{\partial x_1}\frac{\partial N_i}{\partial x_1}+\frac{\partial N_j}{\partial x_2}\frac{\partial N_i}{\partial x_2}\right)J\,\mathrm{d}\xi\mathrm{d}\eta\\B_{ij}^{e}&=f'_2(h)\int_{-1}^{1}\int_{-1}^{1}N_jN_iJ\,\mathrm{d}\xi\mathrm{d}\eta\end{aligned}\right\}\tag{4-43}$$

(二)时间步的差分解法

用向后差分解式(4-42),设第 m 时步的解已求得,则用下式求解 $m+1$ 时段的值。

$$\left([A]^{m+\frac{1}{2}}-\frac{1}{\Delta t^m}[B]^{m+\frac{1}{2}}\right)\{h\}^{m+1}=\frac{-1}{\Delta t^m}[B]^{m+\frac{1}{2}}\{h\}^m-\{q\}^{m+\frac{1}{2}}\tag{4-44}$$

计算时首先应求 $m+\dfrac{1}{2}$ 时段的系数,它们决定于 $h^{m+\frac{1}{2}}$ 的值,而 $h^{m+\frac{1}{2}}$ 是未知的,故要迭代求解。由 $m-1$ 及 m 时段的 h 值线性外插求 $h^{m+\frac{1}{2}}$。

$$h^{m+\frac{1}{2}}=h^m+\frac{\Delta t^m}{2\Delta t^{m-1}}(h^m-h^{m-1})\tag{4-45}$$

由 $h^{m+\frac{1}{2}}$ 求系数矩阵 $[A]^{m+\frac{1}{2}}$ 及 $[B]^{m+\frac{1}{2}}$,即可由式(4-44)求 h^{m+1}。再由 h^m 及 h^{m+1} 计算得 $h^{m+\frac{1}{2}}$,如此重复计算,直至收敛后再进入下一时段。

根据上述有限元计算格式编制程序,即可进行离散裂隙网络模型的非饱和渗流有限元分析。

第七节　双重介质模型

把裂隙岩体中的裂隙也视为一类孔隙,和岩块中原有意义下的孔隙一起就形成了双重孔隙介质。在岩石生成过程中所形成的一次空隙称为孔隙,其尺寸小,因而渗透性小,但数量多,总体积比较大,对大孔砂岩可达 26%,对致密花岗岩约为 1.02%~2.87%。裂隙是后生成的二次空隙,这类空隙延伸长度大,有较强的渗透性,但数量少,总体积也小,一般不到岩体体积的 1%。双重介质模型认为,在岩体中同时存在两个独立的系统:孔隙系统和裂隙系统。介质中的每一点同时属于两个系统,即在每一点存在既代表孔隙系统的水头值,又代表裂隙系统的水头值。两个不同水头之差使两个系统产生流量交换。

以下几种情况必须采用双重介质模型进行渗流分析[153]。

(1)裂隙网络相对较稀。当裂隙较稀,裂隙网络不能将计算域的上下游边界沟通时，无法用离散裂隙网络模型进行非饱和渗流分析。当裂隙网络虽然能沟通上下游边界，但水流仅顺少数裂隙由上游流向下游时，虽然可以求得流量解，但计算域中大部分区域并无水流，因此不能求得对工程分析不可缺少的符合实际的渗流场。在上述两种情况下，必须研究水由裂隙系统流向孔隙系统的过程。

(2)与时间有关的山体渗流场。岩块孔隙渗透性虽然微弱，但孔隙总体积相对很大。一场降雨过后，相当一部分渗入地下的水很快由裂隙网络排走。如果分析中只考虑裂隙，雨后不久，山体的地下水将很快排干。实际上，裂隙在排水的过程中不断向与其相邻的岩块孔隙输送水量。雨停后，裂隙内的水头迅速减小，岩块孔隙的水又反馈给裂隙，再由裂隙向沟谷补水。山体中的沟谷在雨停后仍有水流，一些沟谷及山涧溪水潺潺，甚至终年不断，其原因就是岩块孔隙的调蓄作用。因此，研究与时间有关的山体渗流，必须采用双重孔隙介质模型。

一、双重介质的非饱和渗流特性

(一)孔隙介质非饱和渗流特性

当孔隙介质(即岩块)中压力水头为负值时，岩块中的水体由毛细压力所支持。按毛细管理论，管内水头升高值与毛细管半径成反比。岩块中的孔隙直径越小，毛细压力也越小(由于是负压，压力越小即绝对值越大)，持水能力越大。较大的孔隙持水能力小，岩块内为某一负压时，与相应直径的孔隙 D_c 相对应。只有直径小于 D_c 的孔隙才能持水，而直径大于 D_c 的孔隙则为空气占据，岩块处于非饱和状态。在水力梯度作用下，任一有水孔隙中水质点只能向有水的相邻孔隙中流动。若相邻孔隙中是空气，水流就不能通过，由于水的可流动域受到限制，且只能在较小的孔隙中流动，非饱和状态的渗透系数和饱和渗透系数相比，大幅度减小。负压越大，孔隙的饱和度越小，非饱和渗透系数也越小。当大部分孔隙中均为空气时，或有水的小孔隙周围均为空气孔隙所包围时，这时渗透系数减小到接近于零。若以 k_s^m 表示孔隙介质饱和渗透系数，k_u^m 表示孔隙介质非饱和渗透系数，h_m 表示孔隙的压力水头，S_m 表示孔隙的饱和度，则存在下列关系：

$$k_u^m = k_s^m f_m(h_m) \tag{4-46}$$

$$S_m = \varphi_m(h_m) \tag{4-47}$$

当 $h_m > 0$ 时，$k_u^m = k_s^m$，$S_m = 1$。函数 $f_m(h_m)$、$\varphi_m(h_m)$ 通过第三章中介绍的试验方法实测确定。

(二)裂隙介质非饱和渗流特性

实际裂隙是由两个粗糙平面构成的隙宽变化的缝隙，而且有若干处隙宽等于零的接触区。当压力水头小于零时，隙宽较大的部位便不能持水而为空气充填。负压值越小(绝对值越大)，裂隙内充填空气的范围越大，持水区逐渐以隙宽为零的接触区为中心而缩小。当持水区最终为空气区所包围而成为若干孤立小岛时，水在裂隙内就无法在各持水区之间运动，这时裂隙的渗透系数降为零。饱和状态时，按立方定理，水流大部分在隙宽较大的裂隙区内流动。当裂隙处于非饱和状态时，情况则恰恰相反，水流只能在隙宽很小的裂隙区内流动。与孔隙介质相同，对岩体裂隙，非饱和渗透系数与压力水头以及饱和度与压力水头之间也存在类似关系。这些关系(或者说非饱和水力参数)可按第二章中介绍的物模试验法或数值试验法来确定。

(三)裂隙与孔隙介质综合非饱和渗透特性

岩石孔隙的尺寸非常小，其直径仅 0.01～0.1μm，而岩体中裂隙的隙宽要大得多，通常不小于 10μm。在较小(绝对值较大)的负压下，当孔隙连通性较好，如粗粒砂岩，岩块可能处于近饱和状态，而裂隙则可能基本不持水。在饱和状态下，岩块的透水性远远小于裂隙的透水性。当压力水头为负时，情况可能反过来，顺裂隙面的透水性会小于岩块的透水性。由此似乎可得出结论，在一定负压条件下，裂隙将成为岩体中的隔水层。但实际情况并非如此，隙宽为零的岩块接触区是持水的区域，岩块之间的水流可以通过接触区来实现，即当裂隙平面内渗透性接近于零时，在裂隙平面法线方向仍有与岩块为同一量级的渗透性，这是裂隙岩体非饱和渗流的一个重要特性。

二、基本微分方程

(一)孔隙介质

根据水量守恒原理，假定右手坐标系，并令 z 轴在铅垂线，正方向向上，可推导出如下基本微分方程。

$$-n_m\rho\frac{\partial S}{\partial t}-n_m\rho S\beta_w\frac{\partial p}{\partial t}+S\rho\alpha\frac{\partial\sigma_z}{\partial t}=\frac{\partial}{\partial x}(\rho u_x)+\frac{\partial}{\partial y}(\rho u_y)+\frac{\partial}{\partial z}(\rho u_z)\quad(4\text{-}48)$$

式中：S 为饱和度；n_m 为岩块的孔隙率；β_w 为水的压缩系数；α 为介质骨架的压缩系数，$\alpha=1/E_s$；σ_z 为垂直应力；ρ 为水的密度；p 为孔隙水压力；u 为流速。

考虑到 $p=\gamma(h-z)$，并由式(4-47)可得：

$$\frac{\partial S}{\partial t}=\gamma\varphi'_m\frac{\partial h}{\partial t}\quad(4\text{-}49)$$

对于承压含水层，$\sigma_z=-p$，将达西定律 $u_i=-k_{ij}^m h_{,j}$ 代入式(4-48)，可得以压力

水头表示的孔隙介质非饱和渗流基本微分方程,即:

$$-\gamma n_m(\varphi'_m+S\beta_m)\frac{\partial h}{\partial t}-S\alpha\gamma\frac{\partial h}{\partial t}=(k_{ij}^m h_{,j})_{,i} \tag{4-50}$$

式中:γ 为水的重度。

对于饱和渗流,$S=1,\varphi'_m=0$,并令 $S_e=\gamma(\alpha+n_m\beta_w)$,称 S_e 为单位贮水率,则式(4-50)化为:

$$(k_{ij}^m h_{,j})_{,i}=-S_e\frac{\partial h}{\partial t} \tag{4-51}$$

(二)裂隙介质

假定裂隙为无厚度的面单元,其厚度反映在水力传导系数中。取裂隙面的局部坐标为(x_l,x_2)。由裂隙微元体 $\Delta x_1\Delta x_2$ 的水量平衡,可推出裂隙介质非饱和渗流基本微分方程式如下。

$$\frac{\partial}{\partial x_1}\left(k_r k_f\frac{\partial h}{\partial x_1}\right)+\frac{\partial}{\partial x_2}\left(k_r k_f\frac{\partial h}{\partial x_2}\right)+f'_2(h)\frac{\partial h}{\partial t}=0 \tag{4-52}$$

给定边界条件、初始条件及裂隙—岩块间的水交换条件,将式(4-51)与式(4-52)耦合求解,即可求得孔隙介质域和裂隙介质域各自的水头场,取平均值作为裂隙岩体非饱和渗流场的解。

三、网格剖分

岩体中的裂隙网络十分复杂,对于双重孔隙介质,离散裂隙网络模型中的"死胡同"应予保留。在注水工况,裂隙单元首先由非饱和进人饱和状态,与裂隙相邻的孔隙单元则由表及里逐渐饱和。反之,在排水工况,裂隙单元首先由饱和转入非饱和,而孔隙单元则由表及里逐渐转为非饱和状态。为反映这一实际过程,对被裂隙围绕的孔隙介质剖分单元时,紧贴裂隙的单元要尽可能薄,内层单元可逐渐变厚。

第八节 讨 论

随着在雨量充沛的西南地区高坝的大规模建造以及雨季边坡滑坡事故的屡屡发生,降雨或泄洪雾化雨导致岩坡滑坡已受到工程界越来越广泛地关注。但对地表入渗引起的暂态附加水荷载和孔隙水压力的升高等对岩坡失稳起控制作用的因素还缺乏系统定量的研究。基于这一背景,对有地表入渗的裂隙岩体非饱和渗流分析进行了研究。

首先,针对裂隙化程度较高的岩体,把裂隙岩体等效为连续介质来处理,提出了一种根据裂隙和岩块非饱和水力参数及各自体积比重来确定裂隙岩体等效非饱和水力参数的均化方法;借鉴多孔介质非饱和渗流理论建立了有地表入渗的裂隙岩体非饱和渗流的数学模型。对其中的入渗边界等条件的处理作了改进,如提出运用人工神经网络方法来预测初始水头场;提出入渗边界可为已知水头边界或已知流量边界,在迭代过程中根据压力水头和边界流量的计算值连续调整,同时还提出了一套雾化雨入渗边界的处理方法。其次,运用 Galerkin 加权余量法给出了上述数学模型的有限元计算格式,研制了该非线性计算格式的迭代算法,并编制了有地表入渗的裂隙岩体饱和非饱和渗流大型三维有限元计算程序 SUSS3D,使得准确模拟降雨或泄洪雾化雨入渗下的裂隙岩体饱和非饱和渗流成为可能。此外,SUSS3D 程序还可推广应用于核废料深埋对地下水环境的影响以及地面污染物随下渗水的迁移扩散等工程问题的研究。最后,通过两个算例介绍了 SUSS3D 程序在有地表入渗下的非饱和渗流场模拟中的应用。算例分析表明本章模型和计算程序不仅是合理可行的,而且程序的通用性好、功能强大。

对裂隙分布稀疏的裂隙岩体而言,其表征单元体(REV)可能不存在或者虽存在但相对于研究域来说太大,裂隙岩体就不能等效为连续介质来处理,故本章所建立的等效连续介质模型的应用有其局限性。在不能应用等效连续介质模型的情况下,就需采用双重介质模型或离散裂隙网络模型来求解裂隙岩体非饱和渗流场,因此本章也对双重介质模型和离散裂隙网络模型进行了介绍。

对流动随时间变化剧烈的非恒定流问题,运用本章所提出的均化方法来确定裂隙岩体的非饱和水力参数不尽合理,有待于通过模型试验来检验和修正。

此外,与水利工程相关的渗流问题,其内部边界(如排水孔等渗流控制措施)一般都很复杂。本章分析模型及计算程序对上述复杂内边界条件的处理和模拟还显稚嫩,有待于进一步扩充和完善。

第五章

地表入渗影响下的岩坡稳定性研究

第五章　地表入渗影响下的岩坡稳定性研究

首先借鉴非饱和土的抗剪强度理论，即采用延伸的摩尔一库仑破坏准则以考虑基质吸力对岩体抗剪强度的贡献，对地表入渗影响下的岩坡失稳机制进行了探讨。然后根据岩坡失稳机制，针对裂隙化程度较高或陡倾角裂隙发育的岩坡，在以往刚体极限平衡法的基础上，提出了一种考虑地表入渗的岩坡稳定性分析方法一改进的不平衡推力传递法，并编制了考虑非饱和带基质吸力和暂态附加水荷载等作用的岩坡稳定性验算程序。最后通过算例介绍了上述程序在地表入渗影响下的岩坡稳定性分析中的应用。算例分析表明，本章分析方法和计算程序是合理可行的。同时算例的计算结果也表明，地表入渗确会显著降低岩坡的稳定安全系数。

第一节　概　述

岩坡滑坡是山区常见的自然灾害。滑坡按其破坏形式可分为：楔形体滑坡、圆弧面滑坡、顺层面滑动的滑坡、复合型滑坡、堆积层滑坡、倾倒变形破坏边坡、溃屈破坏边坡、开裂变形边坡和崩坍碎屑流型滑坡[1]。本章所准备研究的滑坡仅限于前五种滑坡形式，即岩坡沿某一滑裂面剪切破坏的滑坡。

滑坡的发生与降雨或泄洪雾化雨关系密切是早为人知的事实，但人们对这种关系的认识和理解仍很不充分，在进行地表入渗下的岩坡稳定性分析时，暂态附加水荷载是假设的，也不考虑非饱和带基质吸力(即毛细压力)对岩体抗剪强度的贡献[3]。因而深入研究地表入渗引发岩坡失稳的规律并建立定量的分析模型对于滑坡的预测和预防有着很重要的指导意义。研究地表入渗引发滑坡的规律性主要有以下两种途径：一是根据大量的滑坡事件，用统计分析方法寻求降雨或泄洪雾化雨与滑坡的相关性规律；二是研究地表入渗引发滑坡的物理机制并建立定量的分析模型，然后利用这种分析模型进行边坡稳定性研究。本章将采用第二种研究途径。

目前国内外关于地表入渗对非饱和土坡稳定性影响的研究较多[26,27,137－143]。

但对于地表入渗对非饱和岩坡稳定性影响的研究很少，尤其是通过上述第二种途径来定量研究地表入渗引发岩坡失稳几乎是空白。一方面是由于用于岩坡稳定性分析的由地表入渗引起的暂态饱和非饱和渗流场较难准确求得；另一方面是由于岩坡潜在滑裂面的形状和大小取决于岩体中结构面的位置和方向，很难根据某种原理或规律来确定最危险滑裂面的位置，只在结构面方向杂乱分布且结构面相当密集的少见情况下，岩坡才会象土坡一样，其最危险滑裂面可由最小能量原理来确定[145]。

本章在用第四章分析模型和计算程序所求得的岩坡暂态饱和非饱和渗流场的基础上，运用刚体极限平衡理论，采用上述第二种途径来研究地表入渗对岩坡稳定性的影响。关于刚体极限平衡法的概念和原理，在很多书中均有介绍，这里不再赘述。关于刚体极限平衡法本身的不足及改进也不是本章的研究内容。本章的工作重心在于运用刚体极限平衡法和延伸的摩尔—库仑破坏准则[6]，研制出考虑非饱和带基质吸力和暂态附加水荷载等作用的岩坡稳定验算程序，并应用于地表入渗影响下的岩坡稳定性分析。

第二节　地表入渗引发岩坡失稳的机制

借鉴非饱和土的抗剪强度理论[6]，认为非饱和岩体的抗剪强度可用三个独立应力状态变量中的两个来表达。已经证明应力状态变量$(\sigma-u_a)$和(u_a-u_w)是实际应用中最有利的组合[6]，利用这两个应力变量写成的抗剪强度公式如下：

$$\tau_f=c'+(\sigma-u_a)\tan\varphi'+(u_a-u_w)\tan\varphi^b \tag{5-1}$$

式中：c'为摩尔－库仑破坏包线的延伸与剪应力轴的截距，它也叫做有效凝聚力；$(\sigma-u_a)$为破坏时在破坏面上的净法向应力；σ为破坏时在破坏面上的法向总应力；u_a为破坏时在破坏面上的孔隙气压力；φ'为与净法向应力状态变量$(\sigma-u_a)$有关的内摩擦角；(u_a-u_w)为破坏时破坏面上的基质吸力；u_w为破坏时在破坏面上的孔隙水压力(当其值小于零时，称之为基质吸力或毛细压力)；在非饱和区，φ^b为与基质吸力(u_a-u_w)有关的内摩擦角，在饱和区，式(5-1)中的φ^b应改为φ'。

式(5-1)为延伸的摩尔—库仑破坏准则。当不考虑基质吸力对抗剪强度的贡献时，φ^b应改为φ'，式(5-1)退化为摩尔—库仑破坏准则。

设孔隙气压力为大气压，即$u_a=0$，则非饱和岩体的抗剪强度公式可写为：

$$\tau_f=c'+\sigma\tan\varphi'-u_w\tan\varphi^b \tag{5-2}$$

由式(5-2)可知,非饱和带基质吸力所产生的抗剪强度包括在岩体的凝聚力里(即总凝聚力 $c=c'-u_w\tan\varphi^b$)。由于基质吸力的存在增大了岩体的凝聚力,从而会提高岩坡的稳定性。可以理解,由于地表入渗会导致岩坡内基质吸力的降低,因而岩体的粘聚力减小了,岩坡的稳定安全系数可能显著下降。

此外,由第四章中的分析可知,地表入渗还会形成暂态饱和区,即产生对岩坡稳定不利的暂态附加水荷载。

综上所述,地表入渗引发岩坡失稳的物理机制可归纳如下:地表入渗前,岩坡内非饱和带的基质吸力较大,岩体的实际凝聚力 $c=c'-u_w\tan\varphi^b$ 也较大,使得岩体的抗剪强度较高,故而岩坡具有较大的稳定安全系数,岩坡是稳定的。随着地表入渗的不断进行,岩坡内非饱和带的基质吸力将逐渐减小,甚至在原先的非饱和带中会形成一些暂态的饱和区,同时地下水位也将抬高。这不仅增加了促使岩坡滑动的力,即暂态附加水荷载和岩体自身重力沿滑动方向的分力,同时也使岩体的实际凝聚力逐渐减小,即岩体的抗剪强度将不断降低,此外水还会软化岩体,降低岩体的有效凝聚力 c' 和内摩擦角 φ'。上述三方面的不利因素均将导致岩坡稳定安全系数的不断减小。当岩坡沿某一滑裂面的稳定安全系数随着降雨的进行降至某一值时,岩坡就将沿该滑裂面剪切破坏,或整体深层滑动破坏或局部浅层滑动破坏。

由上述岩坡失稳的机制可知,分析地表入渗影响下的岩坡稳定性时,应考虑非饱和带基质吸力的作用、暂态附加水荷载的作用以及水对岩体的软化作用,这样才能准确预测和预防降雨或泄洪雾化雨引发的岩坡滑坡。

第三节　地表入渗影响下的岩坡稳定验算程序的研制

由于刚体极限平衡法技术成熟且能满足实际工程问题的精度要求,是目前规范中评价边坡稳定的主要方法。故研制地表入渗影响下的岩坡稳定性验算程序时将采用刚体极限平衡法来进行岩坡稳定分析。

岩坡滑坡不同于土坡滑坡,岩坡主要沿结构面滑动,故应针对结构面的发育程度和结构面的优势发育方向来选择合适的分析方法。这里主要研究裂隙化程度较高或陡倾角裂隙发育的岩坡,故将选用不平衡推力传递法来分析岩坡的稳定性。

一、改进的不平衡推力传递法

不平衡推力传递法是我国工民建和铁道部门在核算边坡稳定时广泛采用的一种极限平衡法[193]。这里所提出的改进的不平衡推力传递法与以往的不平衡推力传递法相比,主要有以下几点改进:① 该法考虑了非饱和带基质吸力对岩体抗剪强度的贡献,同时还考虑了暂态附加水荷载的作用,使得分析结果更加贴近实际;② 针对不平衡推力传递法在计算岩坡的稳定安全系数时没有考虑条分法公理以及分块极限平衡法假设过多的不足,改进的不平衡推力传递法先用不平衡推力传递法计算出岩坡的稳定安全系数,再验正条分法公理,若不满足,才改用考虑条分法公理的分块极限平衡法来计算岩坡的稳定安全系数;③ 对改进的不平衡推力传递法而言,滑裂面可以是任意形状的,并提出了一套搜索最危险滑裂面位置的方法。

考虑非饱和带基质吸力和暂态附加水荷载等作用的不平衡推力传递法和分块极限平衡法分述如下。值得指出的是,不管是不平衡推力传递法,还是分块极限平衡法,均假设岩块之间的分界面为铅直面,即采用垂直条分,这在裂隙化程度较高或陡倾角裂隙发育的岩坡中是能成立的。在以下分析中,饱和区部分 $\varphi^b=\varphi'$;u_w 在非饱和区为基质吸力,用负值表示,在饱和区为压力水头,用正值表示。计算滑动力时,非饱和区部分考虑到含水量的不同而采用不同的容重值,即所采用的容重值随含水量的增减而增减;饱和区(含暂态饱和区)部分采用饱和容重。由于作用在条块表面上的水压力等于其渗透力和浮力的合力[194],故在考虑水荷载作用时,以表面水压力来代替渗透力和浮力的共同作用,即条块间的不平衡推力和条块底面上的总法向反力均包含了表面水压力。若有水对岩体的软化作用资料,将通过降低岩体的有效凝聚力和内摩擦角来考虑水对岩体的软化作用。

(一)不平衡推力传递法

用不平衡推力传递法验算岩坡稳定时,首先将滑裂面以上的岩体分成若干竖直条块。作用于滑动岩体内第 i 条块上的力如图 5-1 所示。力的大小按条块的单位厚度计算。图 5-1 中各力的意义如下:W_i 为第 i 条块的重力;Q_i 为第 i 条块的水平向地震惯性力;N_i 为第 i 条块底面上的总法向反力;T_i 为第 i 条块底面上的切向抗剪力;P_i 为第 i 条块的不平衡推力,力的方向与第 i 条块底面平行;P_{i-1} 为第 $i-1$ 条块的不平衡推力,力的方向与第 $i-1$ 条块底面平行。其中第 i 条块水平向地震惯性力为:

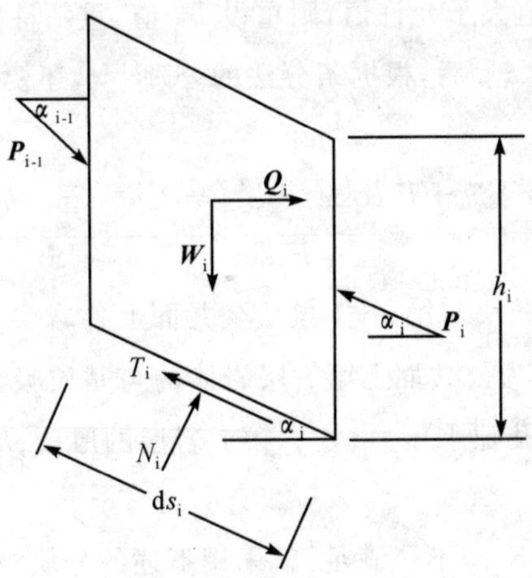

图 5-1 作用于条块上的力

（不平衡推力传递法）

$$Q_i = K_H C_Z \theta W_i \tag{5-3}$$

式中：K_H 为水平向地震系数，根据文献[195]中的规定选取；C_Z 为综合影响系数，文献[195]建议取 0.25；θ 为地震加速度分布系数，根据文献[195]中的规定选取；W_i 为第 i 条块的重力。

设沿滑裂面的抗滑稳定安全系数为 F_S，并令 $N_i = \sigma_i \mathrm{d}s_i$，则有：

$$T_i = (c'_i \mathrm{d}s_i + N_i \tan\varphi'_i - u_{wi} \tan\varphi_i^b \mathrm{d}s_i)/F_S \tag{5-4}$$

则第 i 条块的抗滑力与滑动力分别为：

$$\text{抗滑力} = T_i + P_i = (c'_i \mathrm{d}s_i + N_i \tan\varphi'_i - u_{ui} \tan\varphi_i^b \mathrm{d}s_i)/F_S + P_i \tag{5-5}$$

其中：$N_i = W_i \cos\alpha_i + Q_i \sin\alpha_i + P_{i-1} \sin(\alpha_{i-1} - \alpha_i)$

$$\text{滑动力} = P_{i-1} \cos(\alpha_{i-1} - \alpha_i) + Q_i \cos\alpha_i + W_i \sin\alpha_i \tag{5-6}$$

由于处于极限平衡状态，即抗滑力等于滑动力，故由式(5-4)、(5-5)和(5-6)可得：

$$\begin{aligned} P_i = {} & P_{i-1} \cos(\alpha_{i-1} - \alpha_i) + W_i \sin\alpha_i + Q_i \cos\alpha_i \\ & - \{c'_i ds_i + [W_i \cos\alpha_i + P_{i-1} \sin(\alpha_{i-1} - \alpha_i) + Q_i \sin\alpha_i] \tan\varphi'_i \\ & - u_{ui} \tan\varphi_i^b \mathrm{d}s_i\}/F_S \end{aligned} \tag{5-7}$$

对给定的滑裂面，在求解稳定安全系数 F_S 时，需利用式(5-7)进行试算。即先假定一个 F_S 值，从岩坡顶部第一条块算起，求出它的不平衡推力 P_1（求 P_1 时，条块左侧推力为 0），作为第二条块的左侧推力，再求出 P_2，如此计算出最后一个条块的不平衡推力 P_n（若在上述计算过程中遇到某一条块的不平衡推力小于 0，则应令其为 0）。若 P_n 与 P_{n-1} 的差值小于等于允许值，则所设的 F_S 即为要求的安全系数，若 P_n 与 P_{n-1} 的差值大于允许值，则重设 F_S 值，重新计算，直至满足要求为止。

解得稳定安全系数 F_S 后，根据条分法的公理[196]，还要验算条块间有无竖向破坏的可能，即应满足：

$$F_{Vi}=\frac{c'_{Ai}h_i+P_i\cos\alpha_i\tan\varphi'_{Ai}-\sum_j u_{wi}^j\tan\varphi_i^{bj}h_i^j}{P_i\sin\alpha_i}\geqslant F_S \tag{5-8}$$

式中：c'_{Ai} 和 φ'_{Ai} 为第 i 条块与第 $i+1$ 条块公共面上各岩层有效凝聚力和内摩擦角的厚度加权平均值；φ_i^{bj} 为公共面上第 j 层岩体的与基质吸力（u_a-u_w）有关的内摩擦角；u_{wi}^j 为第 j 岩层的孔隙水压力；h_i^j 为第 j 岩层的厚度；h_i 为公共面上各岩层的总厚度。

对任一条块，若式(5-8)不能满足，就采用下述的分块极限平衡法来求 F_S。

（二）分块极限平衡法

用分块极限平衡法验算岩坡稳定时，首先将滑裂面以上的岩体分成若干竖直条块。作用于滑动岩体内第 i 条块上的力如图 5-2 所示。力的大小按条块的单位厚度计算。图5-2中各力的意义如下：W_i 为第 i 条块的重力；Q_i 为第 i 条块的水平向地震惯性力，其计算公式为式(5-3)；N_i 为第 i 条块底面上的总法向反力；T_i 为第 i 条块底面上的切向抗剪力；P_i 和 X_i 为第 i 条块的水平向推力和竖向力；P_{i-1} 和 X_{i-1} 为第 $i-1$ 条块的水平向推力和竖向力。

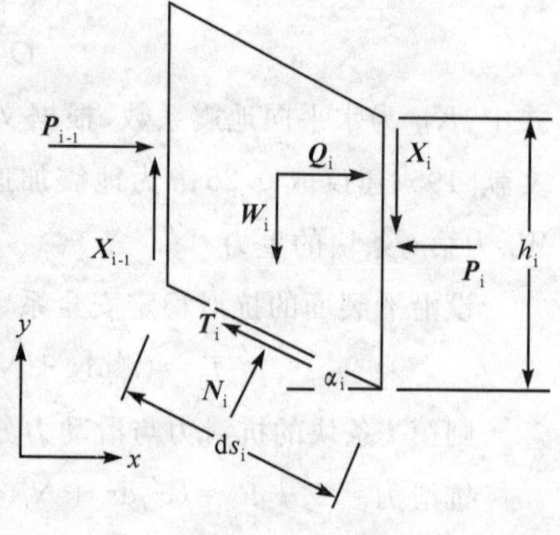

图 5-2　作用于条块上的力（分块极限平衡法）

列出 x 方向（水平方向）上的力平衡方程，有：

$$P_{i-1}-P_i+N_i\sin\alpha-T_i\cos\alpha+Q_i=0 \tag{5-9}$$

列出 y 方向（铅直方向）上的力平衡方程，有：

$$N_i\cos\alpha+T_i\sin\alpha+X_i-X_{i-1}-W_i=0 \tag{5-10}$$

为寻求递推关系，在此先不妨将 X_{i-1}，P_{i-1} 视为已知量，这样式(5-9)和式(5-10)中的未知量分别为 N_i，T_i，X_i，P_i。

这就是说，上述三个方程中仍包含 4 个未知量，尚属静不定问题，仍无法解出所有变量。为此，尚需补充一关系式，才能唯一确定上述诸变量。

先由式(5-9)和式(5-10)解出 P_i，X_i，得：

$$P_i=P_{i-1}+N_i\sin\alpha_i-T_i\cos\alpha_i+Q_i \tag{5-11}$$

$$X_i=X_{i-1}+W_i-N_i\cos\alpha_i-T_i\sin\alpha_i \tag{5-12}$$

假设相邻滑块公共面上的稳定安全系数为 F_{Vi}（竖直向），则根据条分法的公理[196]有：

$$F_{Vi}=\frac{c'_{Ai}h_i+P_i\cos\alpha_i\tan\varphi'_{Ai}-\sum_j u_{wi}^j\tan\varphi_i^{bj}h_i^j}{P_i\sin\alpha_i}\geqslant F_S \tag{5-13}$$

式中：c'_{Ai} 和 φ'_{Ai} 为第 i 条块与第 $i+1$ 条块公共面上各岩层有效凝聚力和内摩擦角的厚度加权平均值；φ_i^{bj} 为公共面上第 j 层岩体的与基质吸力(u_a-u_w)有关的内摩擦角；u_{wi}^j 为第 j 岩层的孔隙水压力；h_i^j 为第 j 岩层的厚度；h_i 为公共面上各岩层的总厚度。

为研究方便起见，假设 $F_{Vi}=F_S$，这样便获得了补充条件，即：

$$c'_{Ai}h_i+P_i\tan\varphi'_{Ai}-FJC_i=F_SX_i \tag{5-14}$$

式中：$FJC_i=\sum_j u_{wi}^j tg\varphi_i^{bj}h_i^j$。

联立式(5-11)、(5-12)、(5-13)和(5-14)可解得滑动面上的正压力 N_i 为：

$$N_i=\frac{F_S{}^2(X_{i-1}+W_i)-(c'_i-u_{wi}\tan\varphi_i{}^b)(F_S\sin\alpha_i-\cos\alpha_i\tan\varphi'_{Ai})ds_i-F_S[c'_{Ai}h_i+FJC_i-(Q_i+P_{i-1})\tan\varphi'_{Ai}]}{F_S{}^2\cos\alpha_i+F_S\sin\alpha_i(\tan\varphi'_{Ai}+\tan\varphi'_i)-\cos\alpha_i\tan\varphi'_i\tan\varphi'_{Ai}} \tag{5-15}$$

对给定的滑裂面，在求解稳定安全系数时，先假定一个 F_S 值，利用式(5-15)、(5-11)和(5-12)由第一条块依次计算到第 n 条块，依次求出 $N_1,N_2,\cdots,N_n,X_1,X_2,\cdots,X_n,P_1,P_2,\cdots,P_n$（若在上述计算过程中遇到某一条块的水平向推力小于0，则应令其为0）。若 P_n 与 P_{n-1} 的差值小于等于允许值，则所设的 F_S 即为要求的稳定安全系数，若 P_n 与 P_{n-1} 的差值大于允许值，则重设 F_S 值，重新计算，直至满足要求为止。

二、程序编制及程序流程图

根据前述理论分析和计算公式，编制了地表入渗影响下的岩坡稳定性验算程序 ZSLP。用该程序进行岩坡稳定性分析时，可以采用任意形状的滑裂面，滑裂面上的岩体可分为足够多的竖直条块。ZSLP 程序的主要功能包括：① 程序中考虑了非饱和带基质吸力对岩体抗剪强度的贡献以及暂态附加水荷载对岩坡稳定的不利作用，故能用于地表入渗影响下的非饱和岩坡稳定性分析；② 该程序可以计入渗透力和地震力对岩坡稳定的影响，其中渗透力的作用等效为表面水压力的作用来考虑，地震力采用拟静力法来考虑；③ 滑裂面可以是任意形状的，程序既可用于分析需搜索确定最危险滑裂面的土坡或高度风化的岩坡的稳定性，也可用于分析滑裂面由已知结构面所组成的岩坡的稳定性。

用 ZSLP 程序分析地表入渗影响下的非饱和岩坡稳定性时，主要有以下几个步骤：

① 根据地形、地质资料和地表入渗下岩坡的饱和非饱和渗流场，对岩坡进行分层（不管原先的非饱和带是否是同一种地质材料，均需根据基质吸力的大小分为几层；同样，饱和带需根据孔隙水压力的大小分为几层，此外地下水位面也应作为一个层面）。

② 从上到下输入上述各层面的位置信息和各层的物理力学参数及孔隙水压力（非饱和区为基质吸力），其中各层的孔隙水压力值取该层孔隙水压力的平均值。

③ 输入其它信息，如初始滑裂面上的物理力学参数、条块数、水平向地震系数及地震加速度分布系数等。

④ 根据岩坡内结构面的发育情况，决定是否需要搜索最危险滑裂面（若需要，将通过一系列搜索来确定最危险滑裂面的位置），同时选取合理的初始滑裂面位置。

⑤ 若不需搜索最危险滑裂面，则还需选取其它可能的滑裂面并输入滑裂面上的物理力学参数，同上进行稳定分析，最终确定出最危险滑裂面位置及相应的稳定安全系数。

ZSLP 程序的主要流程如图 5-3 所示。

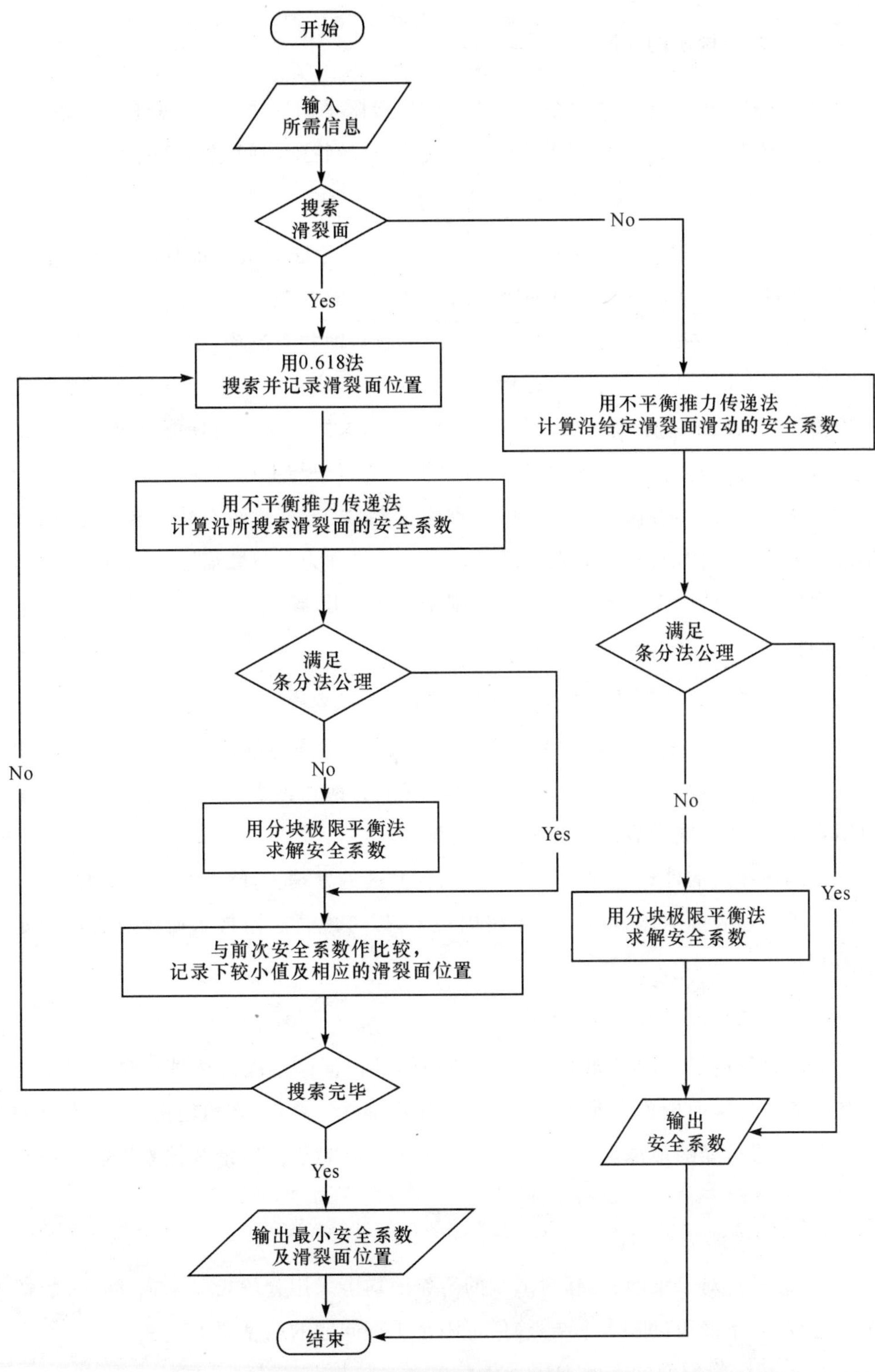

图 5-3　ZSLP 程序流程图

三、几个需说明的问题

ZSLP 程序的总体设计思路与以往的刚体极限平衡法边坡稳定分析程序相似，这里不再赘述。下面仅就本程序的几个创新点和较特殊的问题加以说明。

(一)非饱和带基质吸力作用的考虑方法

ZSLP 程序通过延伸的摩尔一库仑破坏准则来考虑非饱和带基质吸力对岩体抗剪强度的贡献，从而考虑了基质吸力对岩坡稳定的影响。

具体的考虑方法如下：首先根据岩坡的饱和非饱和渗流场，把岩坡的非饱和带划分为几层，并假设每一层均具有相同的基质吸力，取各层有限个点处基质吸力的平均值作为该层的基质吸力(若层数分得足够多，这样的简化处理能满足工程的精度要求)。当滑裂面穿过非饱和带时，就可根据滑裂面与上述分层的交点和各层的物理力学参数，定出各段滑裂面上的物理力学参数(若滑裂面不是搜索确定的，而是根据岩体内结构面而定的，则各段滑裂面上的物理力学参数需事先输入)及其基质吸力值，用延伸的摩尔一库仑破坏准则来考虑各层基质吸力对各段滑裂面抗剪强度的贡献。

(二)岩体容重及暂态附加水荷载作用的处理方法

由于 ZSLP 程序在考虑渗透力的作用时，是把渗透力等效为表面水压力作用于条块周边上的，故地下水位以下的岩体容重取为饱和容重，非饱和带岩体的容重取湿容重，其值将随地表入渗的进行而变化。

暂态饱和区的处理与地下水位以下的饱和区的处理一样，即容重取饱和容重，作用力等效为表面水压力作用于条块周边上，以考虑暂态附加水荷载对岩坡稳定的不利作用。

(三)最危险滑裂面的搜索问题

对风化程度较高的岩坡来说，同土坡一样可根据最小能量原理通过搜索来确定其最危险滑裂面位置。搜索最危险滑裂面的基本思路是：在给定滑入、滑出点的条件下，搜索可能的最危险滑裂面；再改变滑入、滑出点位置，继续搜索可能的最危险滑裂面，直至获得最危险滑裂面为止。

1. 滑裂面的数学描述

一般来说，对二维问题，任意形状的滑裂面均可采用分段折线来描述。一般情况下选用 20 条线段(即 21 个结点)便可满足工程问题的精度要求。

2. 最危险滑裂面的搜索方法

① 先凭经验给定初始滑裂面(可为圆弧面或其它任意形状的面)。

② 在固定滑出、滑入点的条件下,采用逐点搜索法(其方向可以是自滑入点开始向滑出点进行,也可以自滑出点向滑入点方向进行,若采用前者,后面会发现计算量会小些,故这里自滑入点向滑出点方向进行搜索),对每个内结点的纵坐标用黄金分割法进行搜索,对应的搜索区间为该内结点前后两结点的纵坐标值所组成的区间。

③ 对滑入、滑出点进行搜索。先固定滑出点,用黄金分割法对滑入点进行搜索,继而对滑出点用黄金分割法进行搜索。由于滑出、滑入点在地表面上,故可先对横坐标进行搜索(搜索区间凭经验假定),对应的纵坐标值根据地表面形状确定。对任意一组给定的滑出、滑入点,用②中所述的方法对内结点进行搜索,获得可能的最危险滑裂面位置。

如果岩体风化程度不高,岩坡失稳一般多沿由结构面所组成的滑裂面滑动,对这样的岩坡进行稳定性分析时,可根据结构面产状、规模、性质及其组合方式定出滑裂面,而不需搜索,做几种可能情况的独立分析即可得出岩坡最小的稳定安全系数和最危险滑裂面。

(四)试算法确定安全系数

不管是用不平衡推力传递法,还是用分块极限平衡法,均需通过试算来求解稳定安全系数 F_S,ZSLP 程序采用所谓的黄金分割法来选取 F_S 进行试算。即:先假设一个安全系数 F_S 和 F_S 的增量值 ΔF_S,求得最后一个条块的推力。若推力满足要求,则 F_S 即为所求的安全系数。若推力不满足要求且大于 0,则下一次试算的安全系数 $F_S=F_S+\Delta F_S$;若推力不满足要求且小于 0,则下一次试算的安全系数 $F_S=F_S-\Delta F_S$。继续求解最后一个条块的推力,直至最后一个条块的推力满足要求为止。上述的 ΔF_S 在每次试算后乘以 0.618,以逐步趋近真解。

第四节 算例分析

为了验证本章分析方法和边坡稳定分析程序 ZSLP 的合理可行性,并通过实例来介绍该程序的使用方法,特对三个算例进行了分析。

算例 1:ZSLP 程序考题

为验证 ZSLP 程序的可靠性,选文献[6]中的一个例子来作分析。岩坡的地质材料分区和压力水头场见图 5-4。各岩层的物理力学参数见表 5-1。计算时，假设 φ^b 角为有效内摩擦角 φ' 的某一百分比（共假设了 5 种百分比，即 0%，25%，50%，75%，100%）。ZSLP 程序的计算结果和文献[6]中的计算结果一并绘制于图 5-5 中。从图 5-5 可看出，两者很接近，存在差异可能是由于以下两个原因：① 采用的分析方法不一样，文献[6]为圆弧滑动，采用的是普遍极限平衡法；这里为折线滑动，采用的是不平衡推力传递法。② 由于文献[6]未给出具体的分层情况，故岩坡分层情况可能不同。上述对比表明 ZSLP 程序是合理可靠的。此外，计算结果表明考虑非饱和带基质吸力的作用是非常必要的。

表 5-1 各岩层的物理力学参数

参数 岩层名	干容重 γ_d (kN/m³)	有效凝聚力 c' (kPa)	有效内摩擦角 φ' (°)	饱和含水量 (%)
崩积土	19.6	10.0	35.0	40.0
全风化花岗岩	19.6	10.0	38.0	40.0
全风化至强风化花岗岩	19.6	29.0	33.0	40.0
强风化花岗岩	19.6	24.0	41.5	40.0

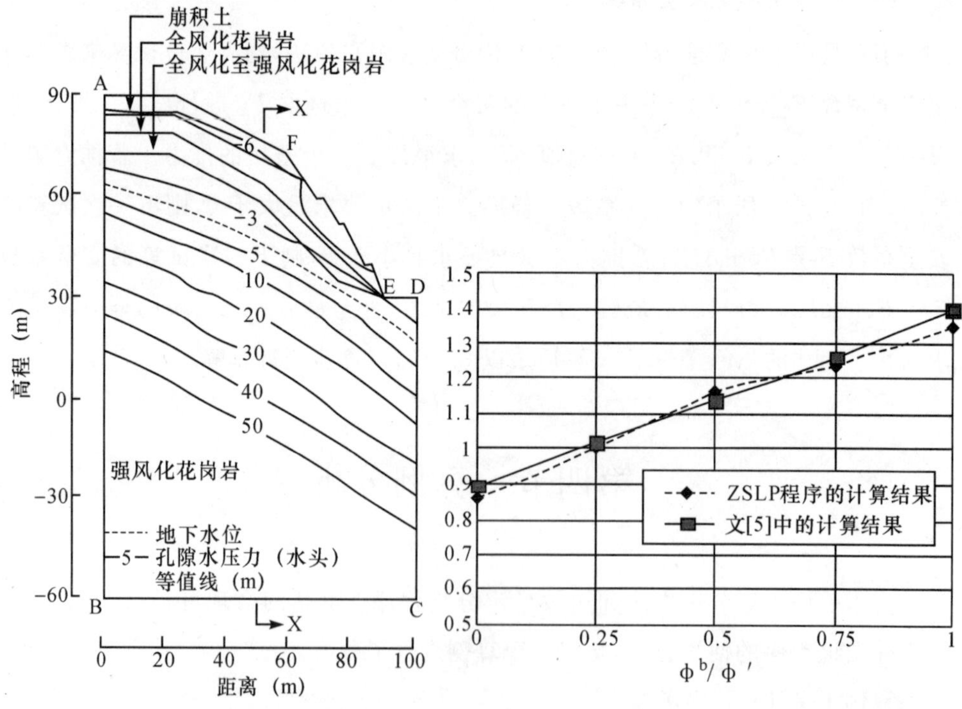

图 5-4 岩坡的地质材料分区和压力水头场　　图 5-5 相应于不同 φ^b/φ' 比值的安全系数

算例 2:降雨入渗下的风化岩坡稳定性分析

假设岩坡高度风化,视之为均质各向同性岩坡,其横断面如图 5-6 所示。岩坡左侧面地下水位以下部分为 $h=12.0$m 的已知水头边界,地下水位以上部分为不透水边界;水平坡面为降雨入渗边界;斜坡面 1/3 坡高以上部分为降雨入渗边界,其余部分为出逸边界(先凭经验分为饱和及非饱和部分);坡底面为不透水边界。

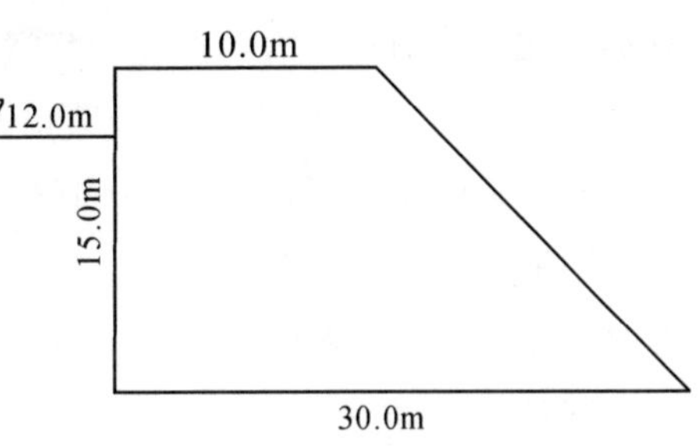

图 5-6 风化岩坡横断面示意图

风化岩体的饱和渗透系数为 $k_x=k_y=k_z=1.389\times10^{-4}$cm/s,非饱和水力参数同图 4-7 中的砂,孔隙率为 0.30,单位贮存量为 0.0。风化岩体的物理力学参数见表 5-2。所考虑的降雨雨型为等强型,其降雨强度为 30.0mm/h,降雨历时为 48h。

表 5-2 风化岩体的物理力学参数

参数 / 名称	干容重 γ_d (kN/m^3)	有效凝聚力 c' (kPa)	有效内摩擦角 φ' (°)	φ^b 角 (°)	饱和含水量 (%)
风化岩体	21.6	15.0	38.5	26.0	30.0

先不考虑降雨入渗,用第四章中的 SUSS3D 程序求得稳定压力水头场作为初始压力水头场,如图 5-7 所示。根据该压力水头场划分的岩层如图 5-8 所示,每层的孔隙水压力根据压力水头场确定(这里取各层的平均值作为该层的孔隙水压力)。图 5-8 中还给出了通过搜索确定出的最危险滑裂面位置。用 ZSLP 程序求得的初始稳定安全系数为 2.487;用不考虑基质吸力作用的极限平衡法计算程序求得的初始稳定安全系数为 2.023。由此可见,不考虑非饱和带基质吸力对岩体抗剪强度的贡献,安全系数的计算值会小很多,应慎用不考虑基质吸力作用的边坡稳定分析程序,否则会使设计过于保守,造成不必要的浪费。

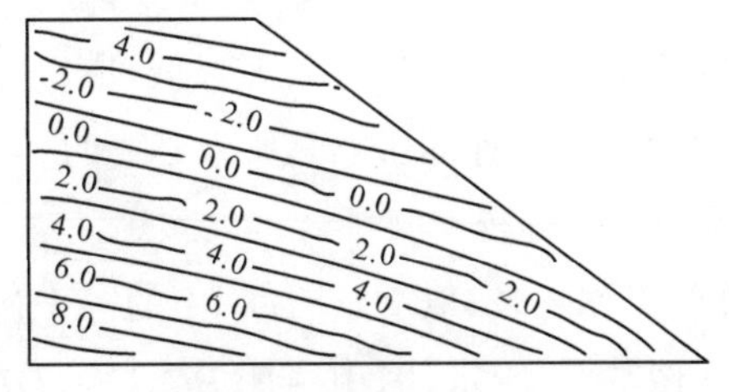

图 5-7 初始压力水头场

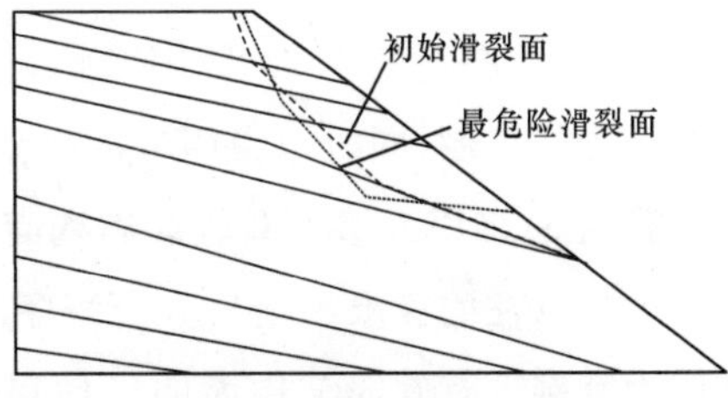

图 5-8 岩坡分层图及最危险滑裂面位置

在上述初边值条件和降雨条件下,先用 SUSS3D 程序求解不同时刻降雨入渗下的岩坡饱和非饱和渗流场;同上根据各个时刻的压力水头场对岩坡进行分层,再根据风化岩体的物理力学参数给定各层的所需信息;然后用 ZSLP 程序求出不同时刻的岩坡稳定安全系数(限于篇幅,这里不给出各个时刻的压力水头场、岩坡分层图和最危险滑裂面位置)。10 个不同时刻的岩坡稳定安全系数的计算结果见表 5-3 和图 5-9。

表 5-3　10 个不同时刻岩坡的稳定安全系数值

时间(h)	安全系数
0	2.487
12	2.239
24	2.012
48	1.764
60	1.697
72	1.681
96	1.716
120	1.768
144	1.809
168	1.861

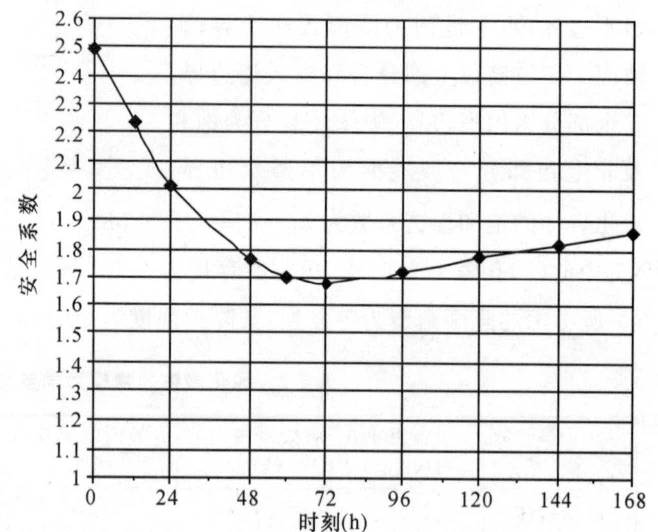

图 5-9　安全系数随时间的变化曲线

由图 5-9 可看出:随着降雨入渗的进行,岩坡的稳定安全系数会不断降低,但并不是在降雨结束时降到最低,而是在降雨结束后一天左右,安全系数才降到最低值(严格地讲,安全系数降到最低值的准确时间还不清楚,因为这里的最小时间间隔为 12h),之后又逐渐增大。据文献[197]记载,很多山体滑坡并不是在降雨过程中发生,而是在降雨结束后几个小时内甚至几天内才发生。故上述计算结果与由降雨引发的实际滑坡情况是相一致的。这说明本章分析方法和计算程序是合理可靠的。

此外,由图 5-9 可知,由于降雨入渗,岩坡的稳定安全系数将显著降低,应重视降雨入渗的控制;同时也说明考虑降雨入渗对岩坡稳定性的影响是非常必要的。

算例 3:降雨入渗下有软弱结构面的岩坡稳定性分析

为与以往的极限平衡法分析程序的计算结果作比较,取文献[198]中的一个例子作为算例。有软弱结构面的岩坡横断面如图 5-10 所示,图中 AB,BC,CD,DE 为软弱结构面。对含有软弱结构面的岩坡而言,岩坡一般沿软弱结构面滑动,故把 $ABCDE$ 作为滑裂面。滑裂面和坡面各点的坐标及各滑面的倾角(从左到右)见表

5-4。各滑面及以上滑块(从左到右)的物理力学参数见表 5-5。

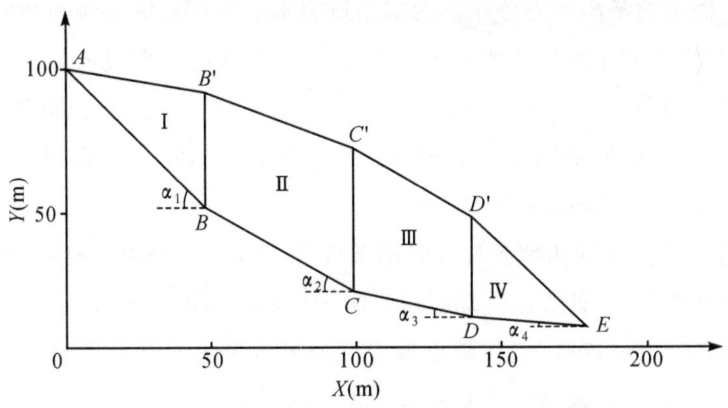

图 5-10 有软弱结构面的岩坡横断面示意图

表 5-4 坡面、滑面各点坐标及滑面倾角

坡面坐标	x	0	50	100	140	180
	y	100	90	70	46	5
滑面坐标	x	0	50	100	140	180
	y	100	50	20	10	5
滑面倾角(°)		45	31	14	7	

表 5-5 各滑面及以上滑块的物理力学参数

参数 序号	干容重 γ_d (kN/m³)	有效凝聚力 c' (kPa)	有效内摩擦角 φ' (°)	φ^b 角 (°)	饱和含水量 (%)
1	26.28	9.81	15	10	33.2
2	25.49	12.75	20	13	28.4
3	27.26	26.48	17	11	18.7
4	25.99	24.52	30	19	21.3

注:上表中的 φ^b 角和饱和含水量都是假设值。

不考虑基质吸力的作用,用 ZSLP 程序求得的岩坡稳定安全系数为 0.907,与文献[198]中的计算结果 0.9027 相当接近,再一次说明 ZSLP 程序是可靠的。若假设地下水面为水平面,其高程为 0.0m,即与 X 轴高程相同,地下水位以上区域的基质吸力值取位置高程的 0.5 倍,即取全水头的 0.5 倍。考虑非饱和带基质吸力的作用,用 ZSLP 程序求得岩坡稳定安全系数为 1.381,与不考虑基质吸力作用的计算结果相差甚远，再次说明考虑基质吸力作用的重要性。

把以上假设的基质吸力分布作为初始压力水头场。岩坡左侧面和底面作为不透水边界；对应于第Ⅳ滑块的坡面作为出逸边界，其余部分作为入渗边界。岩体的饱和渗透系数均为 $k_x=k_y=k_z=1.0\times10^{-7}$cm/s，非饱和水力参数同图 4-7 中的粘土（图中含水量值根据不同岩块的饱和含水量来换算），单位贮存量均为 0。降雨强度为 20.0mm/h，降雨历时为 24h。

同算例 2，在上述初边值条件和降雨条件下，先用 SUSS3D 程序求得不同时刻岩坡的非饱和渗流场（计算渗流场时没有考虑软弱结构面的存在）。再根据所求得的压力水头场对岩坡进行分层，定出各岩层的容重等参数及各段滑裂面的物理力学参数（滑裂面需根据基质吸力和孔隙水压力的分布再进一步细分）。最后用 ZS-LP 程序求解各个时刻的岩坡稳定安全系数。计算结果见图 5-11。

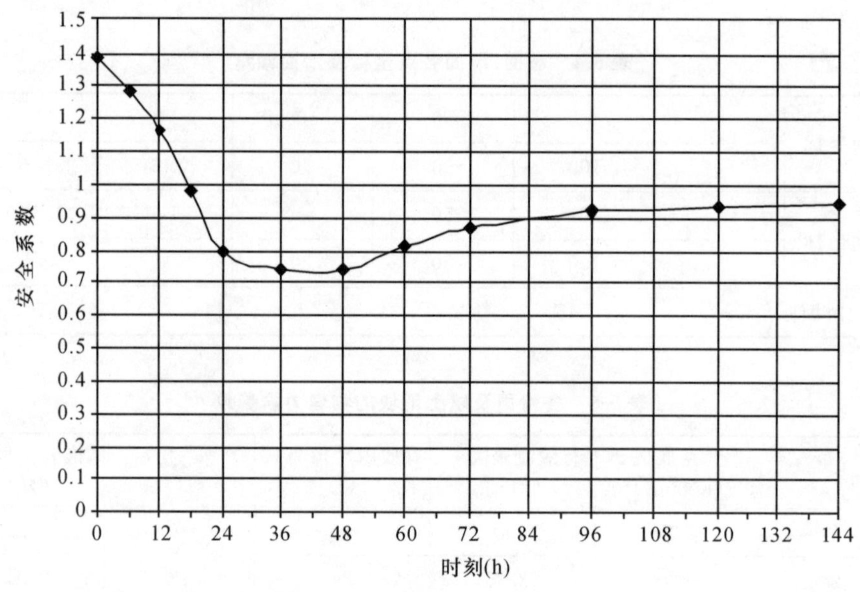

图 5-11　安全系数随时间的变化曲线

从图 5-11 可看出，安全系数随时间的变化情况与算例 2 的结果相似，即：① 由于降雨入渗，岩坡的稳定安全系数有显著的降低，从 1.381 降到最低时的 0.739；② 随着降雨入渗的进行，岩坡的稳定安全系数将逐渐降低，雨停后 1 天内降到最小值（严格地讲，安全系数降到最低值的准确时间还不清楚，因为这里的最小时间间隔为 12h），而后又逐渐回升。但在所模拟的时段内，岩坡稳定安全系数没有恢复到初始值。一方面是由于在求非饱和渗流场时，没有考虑蒸发；另一方面是由于岩坡的左侧面和底面均是不透水的，暂态孔隙水压力不能及时地消散。

从上述三个算例的分析过程和计算结果可看出，所提出的分析方法及计算程序是合理可行的。同时计算结果也表明，由于降雨入渗，岩坡的稳定安全系数可能显著降低，这一点印证了雨季或泄洪时发生大量滑坡的事实。

第五节 讨 论

岩坡滑坡的发生与降雨或泄洪雾化雨关系密切早已为人所知。随着水利水电等工程的大规模建设，迫切需要深入研究地表入渗引发岩坡失稳的规律并建立定量的分析模型用于滑坡的预测和预防，为岩坡的加固设计和滑坡的综合整治提供科学依据。基于这一背景，开展了以下工作：首先，根据非饱和土的抗剪强度理论和考虑地表入渗的非饱和渗流场的计算结果，对地表入渗影响下的岩坡失稳机制进行了定性的探讨，认为地表入渗引发岩坡滑坡的主要原因是：地表入渗增加了暂态附加水荷载，同时降低了岩体的抗剪强度。其次，针对岩坡失稳机制，根据刚体极限平衡原理，提出了一种分析非饱和岩坡稳定性的方法一改进的不平衡推力传递法，并编制了考虑非饱和带基质吸力和暂态附加水荷载等作用的岩坡稳定性验算程序 ZSLP，该程序的计算结果能更贴近实际。最后，通过算例介绍了 ZSLP 程序在地表入渗影响下的非饱和岩坡稳定性分析中的应用；算例分析表明，所提出的分析方法和计算程序是合理可行的；计算结果表明，地表入渗确会显著降低岩坡的稳定安全系数，为确保岩坡的稳定性，应做好控制地表入渗的工作。

本章分析方法的不足之处有：① 没有考虑滑动体自身的变形和强度；② 必须简化沿破坏面的法向应力分布，忽略了随着位移变化而引起的强度变化；③ 仅局限于剪切破坏型式。运用有限单元法并考虑岩体的本构关系，来进行地表入渗影响下的非饱和岩坡稳定性分析也许能更接近岩坡实际的破坏情况。此外，若岩坡中结构面的优势发育方向不是陡倾角的，则运用本章所提出的方法（采用垂直条分）来进行岩坡稳定分析不太合适，最好应运用采用斜条分的 Sarma 法，故本章分析方法有其局限性。

总之，本章分析方法和计算程序有待于通过更多的实践来检验和修正，使之模拟结果能有更高的精度。

第六章

工程应用

第六章　工程应用

首先应用第四章所建立的有地表入渗的裂隙岩体非饱和渗流分析模型和计算程序对小湾电站水垫塘区岸坡降雨入渗和溪洛渡电站水垫塘区岸坡雾化雨入渗进行了分析。最后在上述饱和非饱和渗流场计算结果的基础上，运用第五章中的边坡稳定验算程序分析了雾化雨入渗对溪洛渡电站水垫塘区岸坡稳定性的影响。结果表明：地表入渗确会给边坡稳定带来不利的影响，应重视地表入渗的控制。工程应用情况再次表明第四章和第五章中的模型和计算程序是合理可行的。

第一节　概　述

在水利、能源、环保等工程领域，都会遇到有地表入渗的裂隙岩体非饱和渗流问题。尽管该问题十分复杂，但也有人试图应用已有的研究成果来解决一些实际工程问题。国内在这方面的工程应用主要是运用等效连续介质模型或离散裂隙网络模型对有地表入渗的实际岩体边坡进行非饱和渗流场分析。如张有天等[89,128]运用等效连续介质模型对三峡船闸所在山体和漫湾水电站左岸山体进行了有地表入渗的渗流场分析。张家发等[199]采用有限元方法模拟分析了强降雨入渗条件下的三峡高边坡山体非稳定入渗过程和渗流场变化趋势。张有天和刘中[96]运用离散裂隙网络模型，用伽辽金有限单元法对三峡船闸高边坡的简化模型进行了降雨入渗条件下裂隙岩体非恒定/非饱和的二维渗流场分析。国外主要是在环保领域方面的应用。如为评价核废料深埋对地下水环境的影响，Wang 和 Narasimhan[131]运用等效连续介质模型，用积分有限差分法对尤卡山(Yucca Mountain)的裂隙岩体进行了非饱和渗流场的分析。Pruess 等人[19]曾用等效连续介质模型模拟过高放射性核废料深埋区附近非饱和带中的热一水耦合运动。Kueper 等人[14]也曾运用已有的裂隙岩体非饱和渗流研究成果研究过降雨对地面污染物的淋滤。

综合国内外的研究情况看，关于地表入渗分析在实际岩体工程问题中的应用，目前主要集中在对有降雨入渗的裂隙岩体非饱和渗流场进行分析，尚缺乏雾化雨入渗分析以及地表入渗对岩坡稳定性影响方面的定量研究。而大量滑坡事故表明,岩坡失稳的诱因多为暴雨[1]。在暴雨(或泄洪雾化雨)条件下,降水从地表向下入渗,在地下水位以上的非饱和区极易形成上层滞水,并在上层滞水区内形成顺坡面方向的饱和水流,从而增加了饱和渗流模型所无法考虑到的对岩坡稳定和排水不利的因素。即上层滞水区的形成,不仅降低了岩(土)体的力学强度指标,而且增加了暂态附加水荷载,极易导致岩坡滑坡;此外依据饱和渗流模型计算的渗流场而设计的排水孔对上述上层滞水区起不了作用。故开展地表入渗对岩坡稳定性影响的研究与有地表入渗的裂隙岩体非饱和渗流场分析同样重要。

为此,将应用前文的研究成果,先对国内两大水利工程—小湾电站和溪洛渡电站的水垫塘区岸坡进行考虑地表入渗的非饱和渗流场分析,然后在非饱和渗流场计算结果的基础上,研究地表入渗对岸坡稳定性的影响。

第二节　小湾电站水垫塘区岸坡降雨入渗分析

小湾电站地处多雨的西南地区,为了预测和评价降雨入渗下水垫塘区岸坡的稳定性和现有渗控设计方案的周到和有效性,进行了考虑降雨入渗的饱和非饱和渗流分析。

一、计算模型

降雨入渗下的裂隙岩体饱和非饱和渗流数学模型参见第四章。

(一)计算域的选取

选取坝下游水垫塘Ⅱ区岸坡作为计算域,平行于坝轴线的岸坡横断面图如图6-1所示。根据地质图把计算域分为两种渗透材料,即浅层(最深处离地表约40.0m)为风化带,其余的为微新岩体。

(二)初始条件的选取

饱和区的初始水头场采用建坝后稳定饱和渗流场的计算结果[200]。非饱和区的初始压力水头先依据结点高程值假定,再用第四章中的SUSS3D程序迭代计算无地表入渗情况下的饱和非饱和渗流场,直至24小时内渗流场无明显变化为止(表明已达相对稳定状态),该时刻的饱和非饱和渗流场作为降雨入渗分析的初始压力水头场。

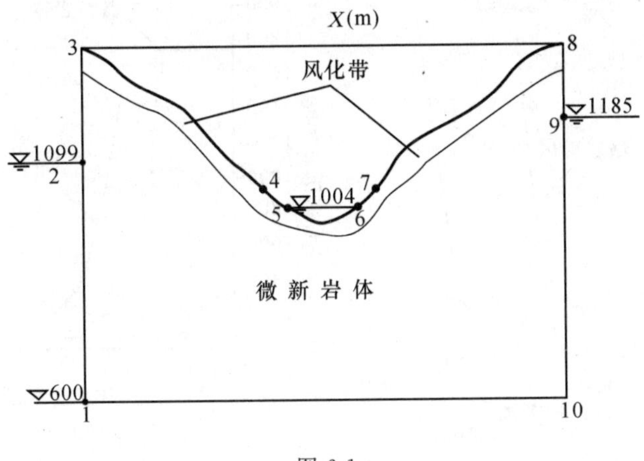

图 6-1

（三）边界条件的处理

如图 6-1，本次计算分析把 1-2、5-6 和 9-10 边界作为已知水头边界，其中 5-6 边界的已知水头取水垫塘水位（1004m）；1-2 和 9-10 边界的已知水头分别为 1099m 和 1185m（根据建坝后稳定饱和渗流场的计算结果[200]定出）。2-3、8-9 和 1-10 边界作为不透水边界。3-4 和 7-8 边界作为入渗边界。4-5 和 6-7 边界作为出逸边界。

（四）参数的选取

由于缺乏实测的非饱和水力参数，本次计算分析所采用的相对渗透系数与体积含水量的关系（如图 6-2 所示）以及毛细压力与体积含水量的关系（如图 6-3 所示）均是类比拟定的。其中风化带的非饱和水力参数参照三峡强风化带材料的非饱和水力参数确定[201,202]，而微新岩体的非饱和水力参数参照类似岩土材料确定[203]。风化带和微新岩体的饱和渗透张量采用饱和渗流模型反演天然渗流场所得的值[200]。孔隙率和单位贮存量参照类似岩土材料确定。上述三种参数值见表 6-1。

表 6-1　两种不同介质的饱和渗透张量、孔隙率和单位贮存量

	k_x(cm/h)	k_y(cm/h)	k_z(cm/h)	孔隙率 n	单位贮存量 S_S(cm^{-1})
风化带	7.76×10^{-1}	1.06×10^{0}	9.03×10^{-1}	0.268	2.00×10^{-6}
微新岩体	6.08×10^{-4}	9.25×10^{-4}	7.33×10^{-4}	0.120	3.30×10^{-8}

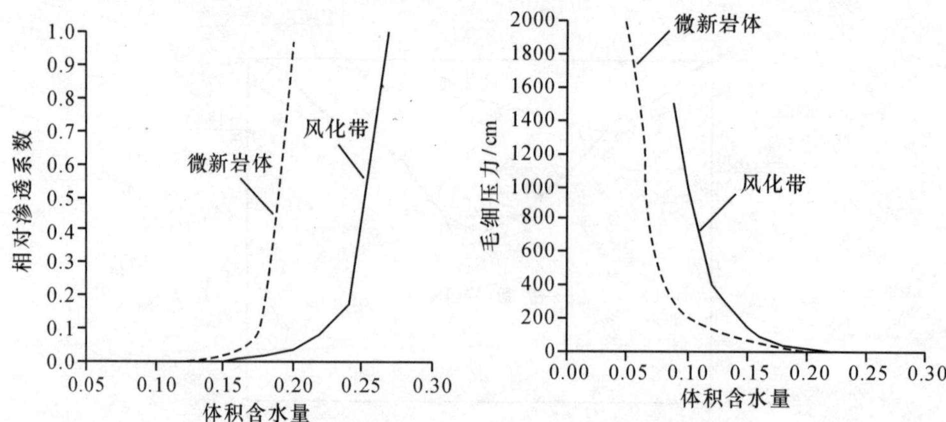

图 6-2 相对渗透系数与体积含水量的关系　　图 6-3 毛细压力与体积含水量的关系曲线

根据小湾站典型降雨过程资料拟定的降雨强度历时曲线如图 6-4 所示。

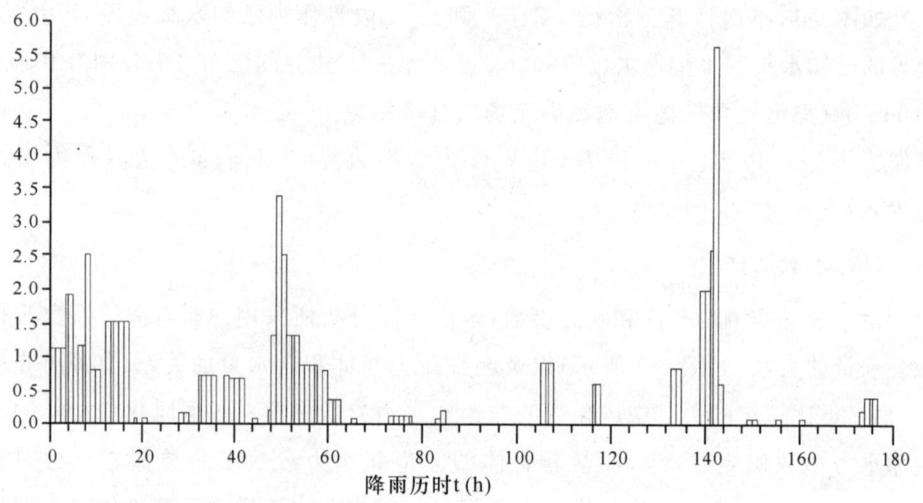

图 6-4 所采用的降雨强度历时曲线

二、计算结果及分析

运用第四章中的有限元计算程序 SUSS3D 对前述计算域进行了考虑地表入渗的饱和非饱和渗流场计算。计算所得的不同时刻的零压力线位置见图 6-5(图中给出 3 个时刻(含初始时刻)的零压力线位置)。

为了清晰地表示出地下水位以上区域压力水头随地表入渗历时的变化情况，特在左、右岸各布置了一典型剖面(剖面位置见图 6-5),给出了不同时刻前述两剖面处压力水头与埋深的关系曲线，如图 6-6 和图 6-7 所示。

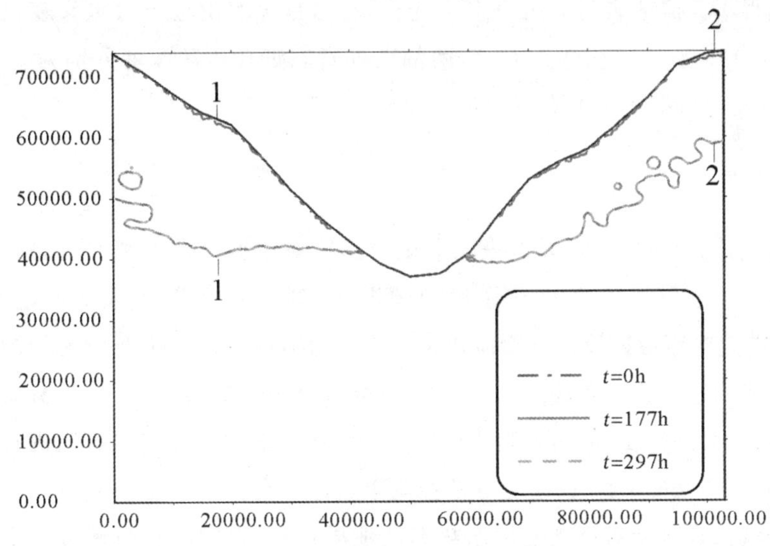

图 6-5　不同时刻零压力线位置

（坐标原点高程为 60000cm，单位以 cm 计）

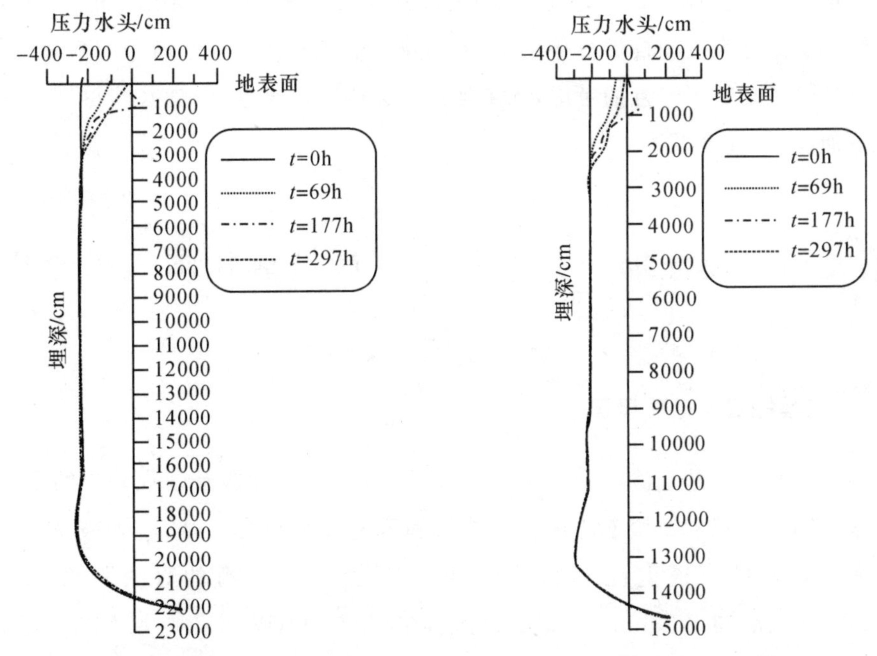

图 6-6　1-1 剖面不同时刻压力水头与埋深关系

图 6-7　2-2 剖面不同时刻压力水头与埋深关系

从图 6-6 和图 6-7 可看出，由于微新岩体的渗透系数很小，故入渗水流下渗至两种材料的分界面后下渗较慢，且下渗量也小，相当部分沿分层面渗出，因而地下水位变幅很小。但地表附近压力水头变化较大，且地表附近压力水头较快达最大值，在降雨 177 小时后就达最大值，两剖面处暂态正孔压区深度分别为 15.0m 和 10.0m，最大暂态正孔压水头值均为 0.8m 左右。

三、小结

从前述计算结果可看出，地表入渗确会形成对边坡稳定不利的暂态孔隙水压力升高（在未考虑泄洪雾化雨作用的情况下，暂态正孔压区深度可达 10.0～15.0m），因此对原渗控设计方案应作进一步的对策研究。为了有效地控制地表降雨入渗形成的饱和非饱和渗透水流，对于小湾工程左、右岸岸坡中浅层分布式排水洞（LA～LF，RA～RF）的布置是必要的。而且排水洞内铅直向上打入的排水孔应延长 10.0～20.0m 左右，以便更好地控制岸坡地下水。

由于缺乏直接针对小湾电站水垫塘区地质材料的参数，且尚未直接研究强泄洪雾化雨的影响（据小湾电站的运行特点，运行期出现泄洪的机率大，为使得小湾电站水垫塘区岸坡渗控设计更趋于可靠合理，还需考虑强泄洪雾化雨的作用），故计算结果还不能为设计提供直接依据，但提供了非饱和区孔隙水压力的变化趋势，可供设计参考。对于渗控的考虑，除了加强岩体内部的排渗外，尚必须尽量设法加强岸坡面保护，减少入渗。

第三节　溪洛渡电站水垫塘区岸坡雾化雨入渗分析

一、工程概况及地质概况

溪洛渡水电站是金沙江干流攀枝花市至宜宾市河段梯级开发规划中的第三个梯级水电站。工程枢纽位于四川省雷波县和云南省永善县交界的溪洛渡峡谷间，距下游宜宾市的河道里程为 184km，距三峡、武汉和上海的直线距离分别为 770km、1065km 和 1780km。水电站装机容量 1200 万 kW，年发电量 543.8 亿 kW·h，最大坝高 278m，正常蓄水位下总库容 115.7 亿 m^3，具有季调节能力，是一座以发电为主，兼有防洪、拦沙、漂木及航运等综合效益，并可为下游电站进行梯级补偿的一座特大型水电站。

溪洛渡水电站枢纽由拦河大坝（混凝土双曲薄拱坝）、泄洪建筑物、引水发电建筑物及过木设施等组成。该枢纽工程为一级工程，大坝等主要水工建筑物为一级建筑物,设计洪水标准为千年一遇,$Q=43700\text{m}^3/\text{s}$(下泄流量 $Q=41066\text{m}^3/\text{s}$),库水位 596.02m;万年一遇洪水校核,$Q=52300\text{m}^3/\text{s}$(下泄流量 $Q=49587\text{m}^3/\text{s}$),库水位 604.67m;水库正常蓄水位 600m,汛期防洪限制水位 570m,死水位 540m;泄水建筑物坝身孔口设有 7 个表孔、8 个中孔及 5 条泄洪洞,坝身泄洪能力约占校核洪水流量的 60%。通过坝身宣泄的洪水其消能型式采用以坝身表、中孔挑跌流式水垫塘消能的方案。在大坝下游建有底板为反拱式的水垫塘一座,两岸边坡为 1∶1,其长度(从坝轴线至二道坝轴线)为 400m。引水发电系统采用库区地下式厂房。木材过坝设施位于大坝左岸,两岸谷肩各设一座开关/换流站。

溪洛渡水电站坝址区河谷地貌形态总体上呈 V 字型,两岸岸坡基本对称,河道顺直,山高谷深,基岩裸露。坝址附近两岸谷肩出露基岩为晚二迭纪多期喷发的峨眉山玄武岩,共 14 层,总厚度达 490～520m。平行于岩层面的层间、层内错动带发育,陡倾角的构造裂隙参差、交汇其间。在玄武岩之上的山顶台地上有第四系松散堆积物覆盖。玄武岩之下是早二迭纪阳新灰岩地层。

坝址区地下水流系统,受地形地貌、地层岩性、地质构造、岩体的风化卸荷和特定的水文地质结构的影响,可分为第四系孔隙水流系统、玄武岩裂隙水流系统和阳新灰岩裂隙一溶隙水流系统。两岸地下水位埋藏较深,水位坡度缓,总体上地下水补给河水。地下水接受降雨入渗补给。坝址区岩体渗透性差异大。

二、研究雾化雨入渗的意义

泄洪雾化是泄水建筑物泄洪时伴随着的一种物理现象。不管泄水建筑物采用哪种泄洪方式,下泄水流以何种流态与下游连接,均会出现雾化现象。尤其是采用新型消能方式(空中消能充分)的高坝,泄洪雾化问题尤为突出。从大量已建工程原体泄洪时暴露出的严重问题来看,泄洪雾化雨导致岩坡滑坡时常发生,是一种损失较大的灾害。例如:1989 年,龙羊峡水电站底孔泄流时造成右岸山体滑坡 87 万 m^3,经济损失巨大;1992 年,东江水电站泄洪造成两岸山体风化岩及土体滑落,中断进厂公路交通;1986 年,白山水电站泄洪导致局部山体发生滑坡,等等。

溪洛渡水电站是一座巨型水电工程,最大坝高 278m,河谷狭窄,泄流量大,泄洪水头大,空中泄流落差也大,加上泄洪消能型式多样化,空中消能采用频繁,因此泄洪雾化问题必然突出。其泄水建筑物坝身孔口设有 7 个表孔、8 个中孔及 5 条泄洪洞。通过坝身宣泄的洪水其消能型式采用以表、中孔挑跌流式水垫塘消能的方案。泄洪时产生的雾化雨会直接影响水垫塘区岸坡的稳定性。因此,研究泄洪雾化雨入渗引起水垫塘区岸坡非饱和带内暂态孔隙水压力的升高,继而研究雾化雨对岸坡稳定性的影响,并提出针对性的控制和防治措施非常必要。

三、泄洪雾化雨和降雨组合概化过程线的拟定

雾化雨强度及分区依据文献[204]中的雾化雨模型试验结果来确定。雾化雨模型试验共分为5种工况,这里将依据设计工况下的试验结果进行分析。由于缺乏更详尽的雾化雨资料,假设雾化雨为等强型。根据文献[204]中的图3和图4按高程分为下述3个雾化雨区:① 高程440m以下区域;② 高程440～500m范围内区域;③ 高程500～560m范围内区域。此外,高程560m以上区域,即自然降雨入渗区定为第④区。设计工况下的雾化雨分区及其雨强汇总于表6-2。

表6-2 设计工况下的雾化雨分区及其雨强

工　况	雨区号	高程	雨强(mm/h)
设计工况	①	440 m以下	1000
	②	440 m～500 m	150
	③	500 m～560 m	10

由于泄洪一般在雨季进行,故为使分析结果更符合实际情况,在进行雾化雨入渗分析时需联合考虑自然降雨的入渗。溪洛渡坝区的自然降雨主要集中在5～8月份,日降雨量最大为130mm,相当于5.4mm/h。由于没有典型暴雨过程线,假设降雨为等强型,其强度取为5.4mm/h。

根据实际可能发生的泄洪与降雨的组合情况,拟定了6种雾化雨和降雨的组合概化过程线,供雾化雨入渗分析时采用,其中包括一种仅考虑雾化雨和一种仅考虑自然降雨的概化过程线。雾化雨的实际强度取各分区雾化雨强度与自然降雨强度之和。上述6种雾化雨和降雨的组合情况汇总于表6-3。

表6-3 雾化雨和降雨的组合情况

组合情况号	前期降雨天数	雾化雨历时天数	后期降雨天数
1	0	3	2
2	1	3	1
3	2	3	0
4	0	3	0
5	3	3	3
6	3	0	3

注:前期指的是泄洪开始前,后期指的是泄洪结束后;除组合情况4之外,雾化雨均伴随着降雨。

为减小雾化雨入渗对岸坡稳定的不利影响，对水垫塘区岸坡采取了一些保护措施。目前设计的水垫塘区岸坡泄洪保护范围为：I8 勘探线以下 600m，从水垫塘边墙顶部或河床岸边至 500m 高程的整个两岸边坡均进行保护。保护方式为喷 10cm 厚的混凝土护坡面，并相应设置地面排水沟。由于缺乏混凝土护坡面和排水沟对减少雾化雨入渗的定量资料，故在进行雾化雨入渗分析时，对泄洪保护区（即上述第①、第②雾化雨区），雾化雨强度将取实际强度的 0%、10%、25%和 50%来作敏感性分析。敏感性分析结果可用于评价上述工程处理措施的有效性，供设计参考。

根据雾化雨与降雨的组合情况和泄洪保护区雾化雨强度的折减系数，拟定的 20 种雾化雨入渗分析工况汇总于表 6-4。

表 6-4 雾化雨入渗分析工况

工况号	雾化雨与降雨的组合情况号	雾化雨强度的折减系数
1	1	0%
2	1	10%
3	1	25%
4	1	50%
5	2	0%
6	2	10%
7	2	25%
8	2	50%
9	3	0%
10	3	10%
11	3	25%
12	3	50%
13	4	0%
14	4	10%
15	4	25%
16	4	50%
17	5	25%
18	5	50%
19	6	25%
20	6	50%

注：仅对泄洪保护区（即第①、第②雾化雨区）的雾化雨强度进行折减。

四、雾化雨入渗分析的计算模型

(一)计算域的选取

雾化雨入渗分析区域为水垫塘区岸坡,根据泄洪雨强分布图[205],取雾化雨强度较大的100m长水垫塘岸坡段(沿河流向)作为计算域。由于I12横剖面位于该段内,故计算域的地形和地质分区情况以I12横剖面为参考地质剖面,位于水垫塘区的其它横剖面作为复核。考虑到计算规模和计算时间所限,以溢流中心线为分界线把计算域分成左岸和右岸两部分。根据I12横剖面图和地形平面图,计算域侧向边界,右岸延伸至860m高程处,左岸延伸至760m高程处,理由:① 本次计算分析主要考虑泄洪雾化雨的作用,而雾化雨区位于560m高程以下;② $P_2\beta_{14}$岩流层顶部有一层相对稳定连续,厚度3~5m的古风化层(高程为700m左右)起隔水作用,使得两岸谷肩松散堆积物接受自然降雨入渗补给后,地下水在谷肩前缘多以接触下降泉的形式排泄,只有极少量的水流下渗补给玄武岩体[206];③ 再继续外延地质情况不明;④ 右岸860m高程处为一台地,左岸750m高程处地势平坦,故少量穿过古风化层的大气降水将主要以垂直下渗补给为主,对水垫塘岸坡的稳定性影响不大;⑤ 所截取的侧向边界在地下水位以下部分作为已知水头的补给边界,而不是不透水边界,故无需延伸至天然隔水边界。考虑到相对隔水层$P_2\beta_n$的顶板高程为250m左右,且雾化雨入渗分析主要考虑地表入渗,不关心地下水位以下的饱和渗流场分布情况,故计算域底部取至250m高程处。

左、右岸计算域典型剖面示意图如图6-8和图6-9所示(为更清楚地表示出各类边界条件,仅给出计算域的典型剖面图,计算域轮廓图可参见有限元网格剖分图,即图6-22和图6-23)。图6-9中未标高程值的点的高程同图6-8。

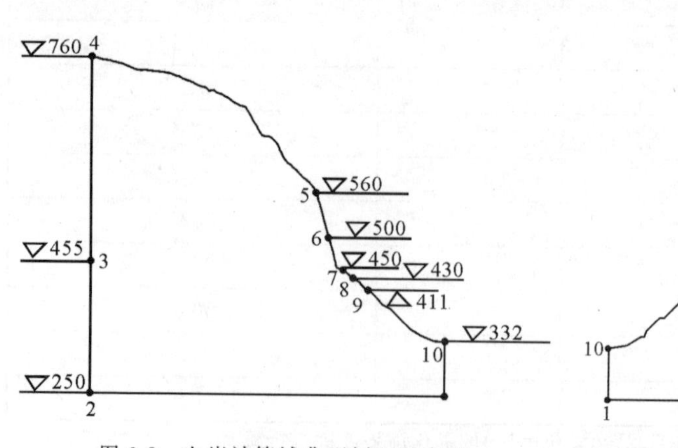

图6-8 左岸计算域典型剖面示意图

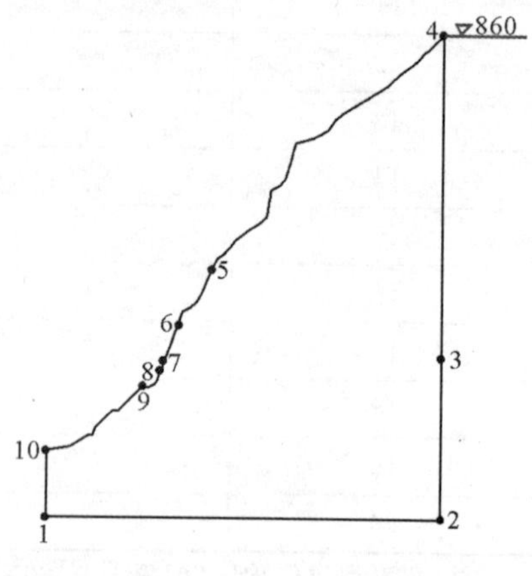

图6-9 右岸计算域典型剖面示意图

(二)计算域渗透性分区及其计算参数

泄洪一般在雨季进行,故在考虑雾化雨入渗的同时,还需考虑自然降雨入渗。为使计算结果更贴近实际,在计算域中需考虑以下几种渗透介质:① 峨眉山玄武岩;② 层间错动带;③ 两岸谷肩第四系松散堆积物;④ 古风化层。根据不同的玄武岩岩流层、不同的层间错动带以及风化卸荷情况,左、右岸计算域均细分为31个渗透性分区。具体分区情况和分区计算参数叙述如下。

1. 各渗透分区的饱和渗透参数

玄武岩岩体渗透分区及其饱和渗透张量的确定采用以下思路:首先将岩体分为弱风化上段岩体(0～30米)、弱风化下段岩体(30～80米)和微新岩体(＞80米)三部分,然后再按岩流层一一确定饱和渗透张量。

弱风化上段岩体因为其风化较严重,不再区分各岩流层,且其渗透特性趋于各向同性,因此将弱上岩体作为各向同性材料,确定一个渗透系数值即可。根据文献[206],利用算术平均的方法,其渗透系数 k 取为:$(0.1530+0.2047+0.2406+0.3640+0.1125)/5=0.2150\text{m/d}=8.958\times10^{-3}\text{m/h}$。

微新岩体按岩流层根据文献[206]分别确定出不同的饱和渗透张量。由于雾化雨入渗分析不关心地下水位以下的饱和渗流场分布情况,故把地下水位以下的岩流层 $P_2\beta_1\sim P_2\beta_5$ 合为一层。由于岩流层 $P_2\beta_9$、$P_2\beta_{10}$ 和 $P_2\beta_{11}$ 渗透性相近,且厚度均较小,故为便于网格剖分,也合为一层来考虑。根据地层的特点(水平成层),假设其渗透特性为横观各向同性,即在水平方向上其渗透特性为各向同性,垂直向渗透系数与水平向不同。根据文献[206]的结果,第1、第2渗透主方向基本上是趋于水平的,因此,将文献[206]中各地层的所有测点的第1、第2渗透主值作算术平均以作为该层的水平向渗透系数。文献[206]中垂直向的渗透主值即第3渗透主值这里不采用,因为它比水平向渗透主值小得太多,假设第3渗透主值为水平向渗透主值的1/5。由于没有岩流层 $P_2\beta_{13}$、$P_2\beta_{14}$ 的饱和渗透张量资料,故依据文献[206]中表5.5的结果,假设岩流层 $P_2\beta_{13}$ 的饱和渗透张量与 $P_2\beta_{12}$ 的相同,岩流层 $P_2\beta_{14}$ 的饱和渗透张量与 $P_2\beta_6$ 的相同。左、右岸各岩流层微新岩体饱和渗透张量的统计分析结果分别汇总于表6-5和表6-6。

对于弱风化下段岩体因其无卸荷作用,裂隙不发育,采用和微新岩体相同的方法来划分岩流层并确定其饱和渗透张量。由于测点少,因此左、右岸采用相同的值。水平向渗透系数采用算术平均值,垂直向渗透系数取为水平向渗透系数的1/3。由于没有岩流层 $P_2\beta_{13}$、$P_2\beta_{14}$ 的饱和渗透张量资料,同微新岩体,假设岩流层

$P_2\beta_{13}$的饱和渗透张量与$P_2\beta_{12}$的相同，岩流层$P_2\beta_{14}$的饱和渗透张量与$P_2\beta_6$的相同。根据文献[206]，各岩流层弱下岩体饱和渗透张量的统计分析结果见表6-7。

表6-5 水垫塘左岸各岩流层微新岩体的饱和渗透张量值

岩流层编号	水平向渗透系数		垂直向渗透系数	所选用的测点或资料
	k_x ($\times10^{-3}$ m/h)	k_y ($\times10^{-3}$ m/h)	k_z ($\times10^{-4}$ m/h)	
$P_2\beta_1-P_2\beta_5$	0.7	0.696	1.396	PD56x-1，PD56x-2，PD56x-4
$P_2\beta_6$	3.35	3.35	6.7	PD2-7，PD2-4，PD2-2，PD18-1，PD18-2，PD18-8,PD18-4，PD18-6，PD18-5，PD22-4，PD22-1 PD32-2
$P_2\beta_7$	0.479	0.479	0.958	PD8-3，PD8-2 PD8-1，PD8-5
$P_2\beta_8$	2.054	2.038	4.092	PD6-1，PD36-3
$P_2\beta_9-P_2\beta_{11}$	1.65	1.621	3.271	无测点，沿用右岸数据
$P_2\beta_{12}$	1.675	1.667	3.342	PD64-2
$P_2\beta_{13}$	1.675	1.667	3.342	无测点，沿用岩流层$P_2\beta_{12}$的值
$P_2\beta_{14}$	3.35	3.35	6.7	无测点，沿用岩流层$P_2\beta_6$的值

表6-6 水垫塘右岸各岩流层微新岩体的饱和渗透张量值

岩流层编号	水平向渗透系数		垂直向渗透系数	所选用的测点或资料
	k_x ($\times10^{-3}$ m/h)	k_y ($\times10^{-3}$ m/h)	k_z ($\times10^{-4}$ m/h)	
$P_2\beta_1-P_2\beta_5$	0.7	0.696	1.396	PD56x-1，PD56x-2，PD56x-4，PD63-1，PD69-1
$P_2\beta_6$	1.742	1.742	3.484	PD87-2，PD87-3，PD87-4，PD11-3，PD11-2，PD11-2，PD7-2，PD7-3，PD45-3，PD45-8，PD45-4，PD45-6，PD45-2
$P_2\beta_7$	4.838	4.5	9.338	PD75-4
$P_2\beta_8$	2.054	2.038	4.092	无测点，沿用左岸数据
$P_2\beta_9-P_2\beta_{11}$	1.65	1.621	3.271	PD49-1(44.0)
$P_2\beta_{12}$	1.613	1.563	3.176	PD59-1
$P_2\beta_{13}$	1.613	1.563	3.176	无测点，沿用岩流层$P_2\beta_{12}$的值
$P_2\beta_{14}$	1.742	1.742	3.484	无测点，沿用岩流层$P_2\beta_6$的值

表 6-7 水垫塘区各岩流层弱下岩体的饱和渗透张量值(左、右岸相同)

岩流层编号	水平向渗透系数		垂直向渗透系数	所选用的测点或资料
	k_x ($\times10^{-3}$m/h)	k_y ($\times10^{-3}$m/h)	k_z ($\times10^{-4}$m/h)	
$P_2\beta_1-P_2\beta_5$	0.746	0.746	1.492	无测点,沿用岩流层 $P_2\beta_5$ 的值
$P_2\beta_6$	90.0	87.37	177.37	PD2-3, PD82-6, PD82-4, PD82-5, PD22-2, PD32-1, PD78-1, PD11-1, PD 7-4
$P_2\beta_7$	3.783	3.783	7.566	无测点,沿用岩流层 $P_2\beta_8$ 的值
$P_2\beta_8$	3.783	3.783	7.566	PD36-3
$P_2\beta_9-P_2\beta_{11}$	1.65	1.621	3.271	PD49-1
$P_2\beta_{12}$	1.679	1.671	3.35	PD64-1
$P_2\beta_{13}$	1.679	1.671	3.35	无测点,沿用岩流层 $P_2\beta_{12}$ 的值
$P_2\beta_{14}$	90.0	87.37	177.37	无测点,沿用岩流层 $P_2\beta_6$ 的值

由饱和渗流模型的计算结果[208]可知,建坝蓄水后,水垫塘岸坡内的地下水位大致在 460m 高程以下,而雾化雨入渗分析不关心地下水位以下的饱和渗流场分布情况,故本次雾化雨入渗分析不考虑 6－7 层间以下的层间错动带。根据文献[206],确定在雾化雨入渗分析模型中考虑 6 个层间错动带的作用,它们是 C7(7-8 层间)、C8(8-9 层间)、C9(9-10 层间)、C11(11-12 层间)、C12(12-13 层间)和 C13(13-14 层间)。为便于网格剖分,所有错动带的风化深度统一按 50m 进行分界,错动带厚度以 1m 计。根据文献[206]中的第二部分内容(可能构成坝肩渗流场渗流通道的层间、层内错动带的渗透系数)来确定所需模拟的层间错动带的饱和渗透系数(层间错动带看作为各向同性材料)。在文献[206]中,没有给出 C11、C12 和 C13 的渗透系数值,参照文献[205]中层间错动带接触关系统计表,根据接触关系类似的层间错动带渗透系数来给出它们的渗透系数值,其中 C11 的渗透系数参照 C1 确定,C12 的渗透系数参照 C9 确定,C13 的渗透系数参照 C7 确定。所需模拟的各层间错动带的饱和渗透系数值汇总于表 6-8。

表 6-8 所需模拟的层间错动带的饱和渗透系数值

层间错动带	左岸（$\times 10^{-1}$ m/h）		右岸（$\times 10^{-1}$ m/h）	
	50 米以外	50 米以内	50 米以外	50 米以内
C13	6.133	1.417	6.133	1.417
C12	6.133	1.013	6.133	1.013
C11	6.133	1.167	6.133	1.167
C9	6.133	1.013	6.133	1.013
C8	6.133	1.167	6.133	1.167
C7	6.133	1.417	6.133	1.417

由于缺乏关于谷肩第四系松散堆积物的渗透参数资料，把它作为一种均质各向同性渗透介质，不再细分。谷肩第四系松散堆积物的饱和渗透系数参照河床冲积层来定，根据文献[205]中河床冲积层的渗透系数值，假定谷肩第四系松散堆积物的饱和渗透系数 $k=40.0\ \mathrm{m/d}=1.667\mathrm{m/h}$。

古风化层主要分布于 $P_2\beta_{13}$ 和 $P_2\beta_{14}$ 岩流层顶部，是第四系松散堆积物与峨眉山玄武岩之间的一层相对隔水层，对降雨入渗补给起关键作用，其厚度为 3～5m 左右。由于缺乏古风化层的渗透参数资料，假设古风化层为各向同性材料，其饱和渗透系数取松散堆积物的千分之一，即 $k=1.667\times 10^{-3}\mathrm{m/h}$。

2. 各渗透分区的非饱和水力参数

由于缺乏玄武岩各岩流层单独的裂隙几何要素统计资料，根据文献[205]中的坝区岩体风化鉴定标准表，在确定玄武岩岩体非饱和水力参数时仅按岩体风化程度分为弱上岩体、弱下岩体和微新岩体三种，不再区分岩流层。

查文献[189]可知较完整岩体的单位贮存量小于 $10^{-6}\mathrm{m}^{-1}$，故这里假设上述三类岩体的单位贮存量均为 0.0。

玄武岩岩体的毛细压力～含水量和相对渗透系数～含水量关系根据岩块和裂隙的相应关系以及裂隙率等参数采用第四章中的均化方法来确定。由于缺乏实测资料，岩块的毛细压力～含水量和相对渗透系数～含水量关系参照类似岩石材料拟定[9]，上述三类岩体的岩块采用同一个关系，如图 6-10 和图 6-11 所示。

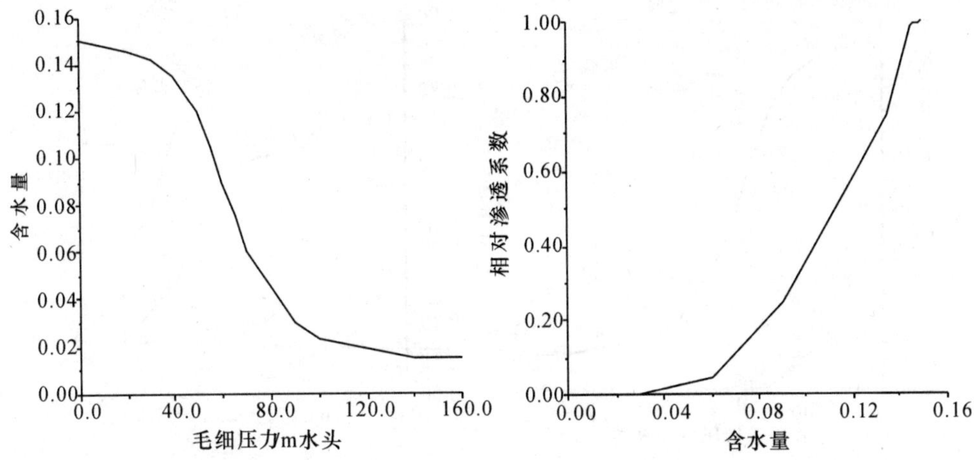

图 6-10 岩块的毛细压力～含水量关系　　图 6-11 岩块的相对渗透系数～含水量关系

裂隙的毛细压力～饱和度和相对渗透系数～饱和度关系根据裂隙开度分布采用第二章中的数值试验法来确定。据文献[207]，溪洛渡坝区裂隙开度服从单参数的负指数分布。拟合隙宽概率统计图（文献[207]中的图 6-19）得分布参数 $\lambda=0.019$。运用数值试验法求得裂隙的毛细压力～饱和度和相对渗透系数～饱和度的关系如图 6-12 和图 6-13 所示。

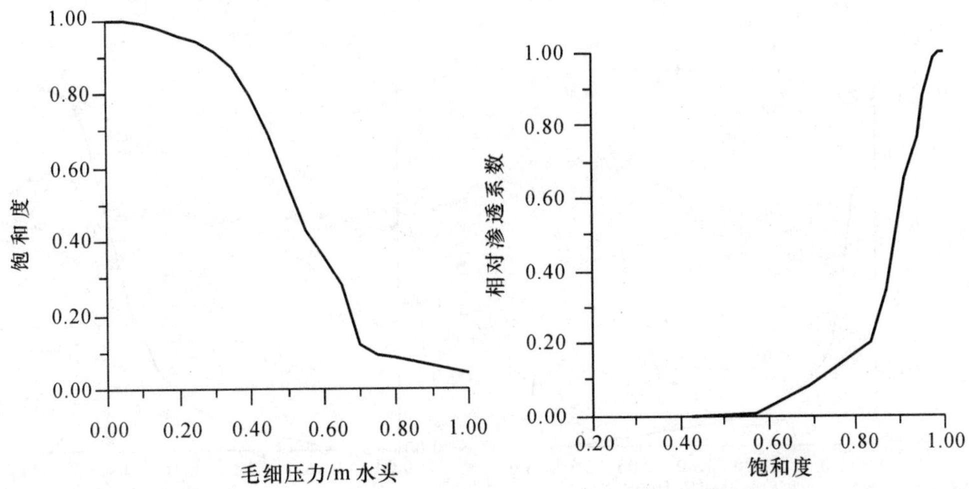

图 6-12 裂隙的毛细压力～饱和度关系　　图 6-13 裂隙的相对渗透系数～饱和度关系

根据图 6-10、图 6-11、图 6-12 和图 6-13 及各自的裂隙率（由文献[205]中“坝区岩体风化鉴定标准表”中的裂隙间距求出）确定出的弱上岩体、弱下岩体及微新岩体的毛细压力～含水量和相对渗透系数～含水量的关系如图 6-14 和图 6-15 所示。

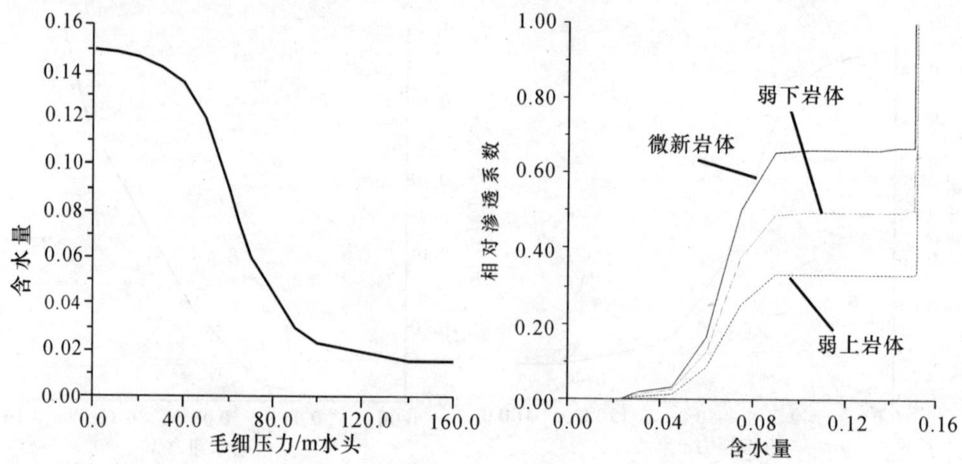

图 6-14　岩体的毛细压力～含水量关系　　图 6-15　岩体的相对渗透系数～含水量关系

从图 6-14 可看出，上述三类岩体的毛细压力～含水量关系曲线重合，故上述三类岩体的毛细压力～含水量关系采用同一个关系。

由于缺乏实测资料，假设所有层间错动带的非饱和水力参数都相同。根据文献[209]中关于层间错动带的渗透性和物理性质的试验结果，类比其它岩土材料[189]拟定的层间错动带毛细压力～含水量和相对渗透系数～含水量的关系如图 6-16 和图 6-17 所示。层间错动带的单位贮存量 $S_S=1.0\times10^{-4}\ m^{-1}$（参照砂质砾选取[10]）。

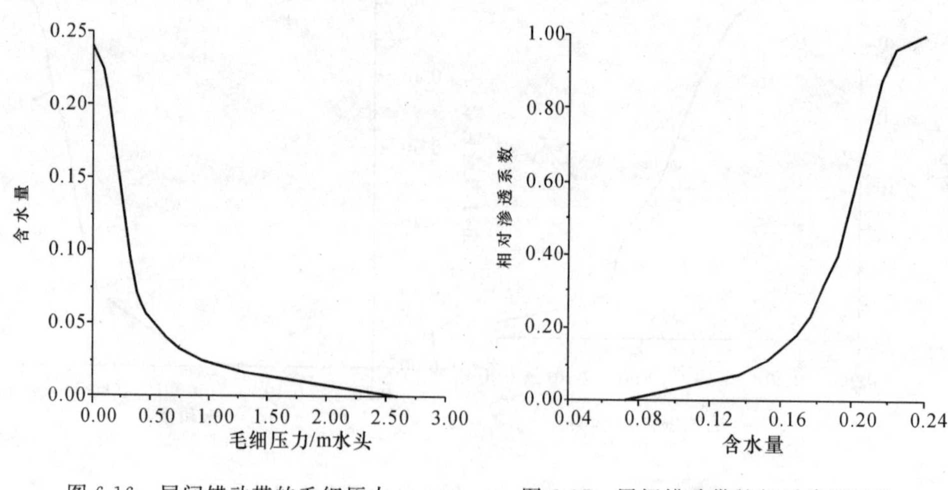

图 6-16　层间错动带的毛细压力～含水量关系

图 6-17　层间错动带的相对渗透系数～含水量关系

谷肩第四系松散堆积物的单位贮存量 $S_S=1.0\times10^{-4}\ m^{-1}$（参照砂质砾选取[189]），其毛细压力～含水量和相对渗透系数～含水量的关系参照文献[189]中的砂掺合料拟定，如图 6-18 和图 6-19 所示。

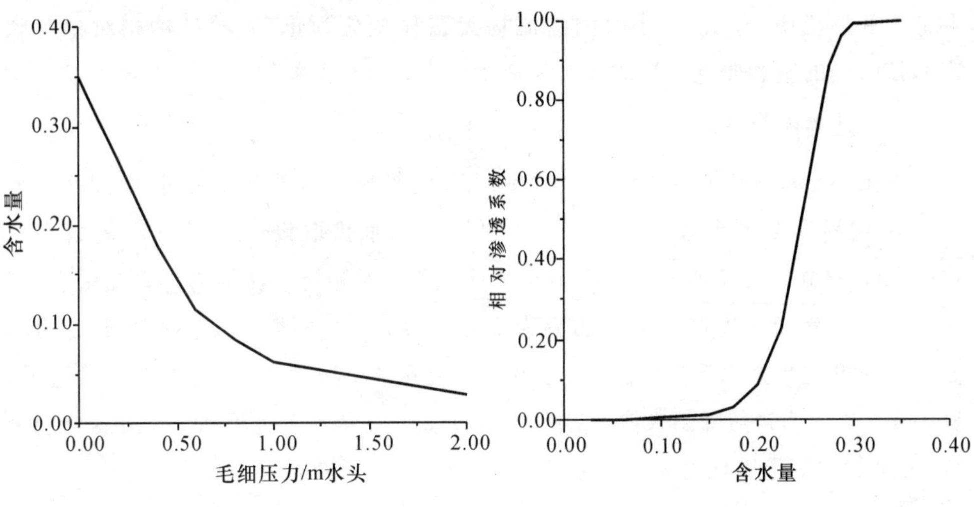

图 6-18　松散堆积物的毛细压力～含水量关系

图 6-19　松散堆积物的相对渗透系数～含水量关系

古风化层的单位贮存量 $S_S=1.0\times10^{-3}\mathrm{m}^{-1}$（参照粘土选取[189]），其毛细压力～含水量和相对渗透系数～含水量的关系参照文献[189]中的粘土拟定，如图 6-20 和图 6-21 所示。

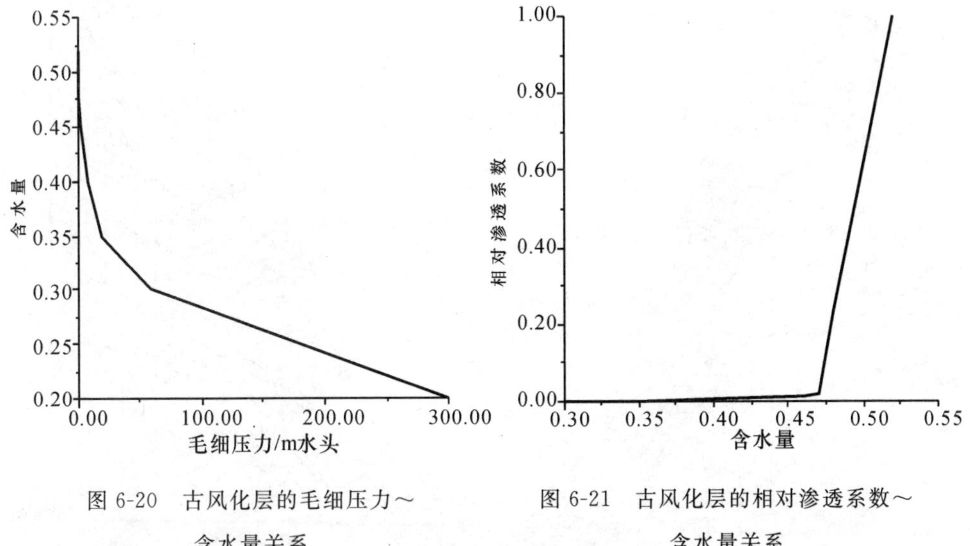

图 6-20　古风化层的毛细压力～含水量关系

图 6-21　古风化层的相对渗透系数～含水量关系

（三）初始条件

计算域饱和区的初始压力水头场根据建坝蓄水后三维稳定饱和渗流模型的计算结果[208]插值而得。由于缺乏实测资料，计算域非饱和区的初始压力水头先依据结点高程值假定，再用第四章中的 SUSS3D 程序迭代计算无地表入渗情况下的饱和非饱和渗流场，直至 24 小时内渗流场无明显变化为止（表明已达相对稳定状态），该时刻的饱和非饱和渗流场作为雾化雨入渗分析的初始压力水头场。

（四）边界条件

如图 6-8 和图 6-9，本次计算分析左、右岸计算域的边界条件相同，即：2-3 边界和 1-10 边界为定水头边界，其中 1-10 边界已知水头取设计工况下水垫塘水位（407m）；2-3 边界已知水头为 455m（根据建坝蓄水后稳定渗流场的计算结果[208]定出）。1-2 边界、3-4 边界和 9-10 边界为不透水边界（水垫塘边坡有衬砌，假设为不透水）。8-9 边界为出逸边界。4-5 边界、5-6 边界、6-7 边界和 7-8 边界为入渗边界，其中 4-5 边界为自然降雨入渗边界（第④区），5-6 边界、6-7 边界和 7-8 边界分别为第③、第②和第①雾化雨区入渗边界。

（五）计算模型规模

左、右岸计算域有限元网格剖分图见图 6-22 和图 6-23 所示。其中左岸结点总数为 6556，单元总数为 5810；右岸结点总数为 5500，单元总数为 4840。

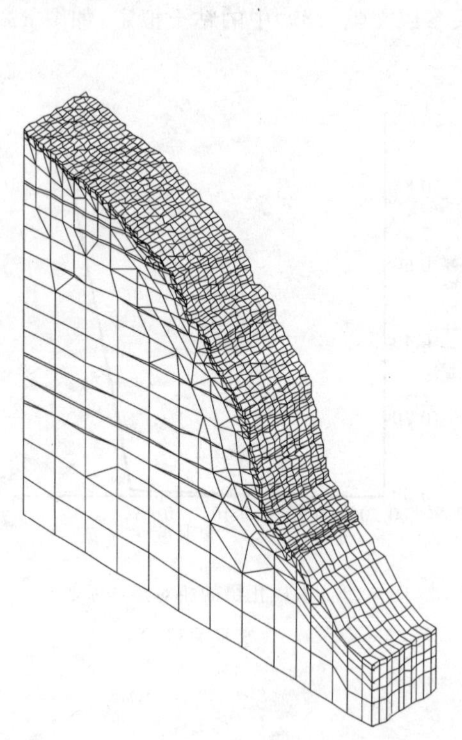

图 6-22　左岸计算域有限元网格剖分图

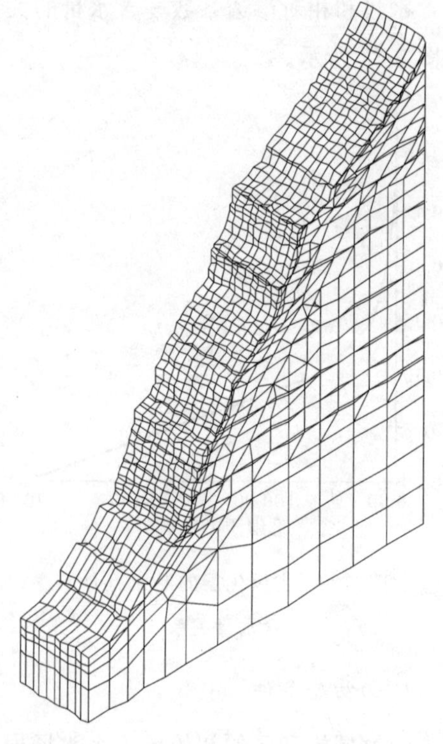

图 6-23　右岸计算域有限元网格剖分图

五、计算结果及分析

运用第四章中的SUSS3D程序对前述20种工况下的水垫塘区左、右岸坡进行了雾化雨入渗分析。计算所得的不同时刻的零压力线位置见图6-24～图6-39(篇幅所限,这里仅给出工况1～工况4的计算结果)。

为了清晰地表示出地下水位以上区域压力水头随雾化雨入渗历时的变化情况,特在左、右岸各布置了一典型剖面(剖面位置见零压力线位置图中的1-1剖面),跟踪1-1剖面给出了不同时刻压力水头与埋深(即离地表的垂直距离)的关系曲线。

由图6-24～图6-39可看出:① 因岩体渗透性由表及里逐渐减弱,雾化雨和降雨入渗48h后,右岸就出现暂态饱和区(零压力线所围成的区域),入渗120h后,左岸才出现暂态饱和区,这主要是由于渗透性较强的层间错动带在左岸倾向于坡内,入渗水量更易深入坡体深部,故在岸坡浅层较难形成暂态饱和区;随着入渗的进行,暂态饱和区也将逐渐增大,在右岸暂态饱和区最大深度(离地表的垂直距离)接近50米,雨停之后,暂态饱和区将继续下移。② 随着入渗的进行,原有地下水位将逐渐升高;地下水位的增幅主要取决于雾化雨区护面措施的防渗作用,当护面措施仅能将入渗强度折减为50%时,左岸出逸点位置的最大升高值接近50米,右岸出逸点位置的最大升高值接近55米,左、右岸坡浅层地下水位都有大幅度升高。③ 由于弱下岩体和微新岩体的渗透性较弱上岩体弱,渗入弱上岩体内的雨水相当部分将沿着弱上岩体与弱下岩体的分界面和层间错动带渗出,故暂态饱和区和地下水位的升高区主要位于弱上岩体内,即主要在岸坡的浅层。由于右岸层间错动带倾向坡外,故上述现象尤为明显。④ 暂态饱和区的大小和地下水位的增幅取决于雾化雨区护面措施的防渗作用,尤其是地下水位的最大增幅。当护面措施能将入渗强度折减为0%(完全不透水)时,地下水位将无明显升高。因此,必须尽量设法加强岸坡表面保护,尤其是雾化雨区坡面的保护,以减少入渗。⑤在各种工况下,右岸暂态饱和区范围和地下水位的增幅均较左岸的大。这主要是由以下两方面原因造成的,一是由于右岸雾化雨区边坡较左岸的缓,雨水入渗量更大;二是由于右岸雾化雨区部位弱上岩体厚度较左岸的大。

需说明的是,由于左岸所选取的初始压力水头场尚未绝对稳定(这也符合实际情况),故坡体内水分的再分配过程尚未结束,因此入渗初期,地下水位看似异常的变化实属正常现象。

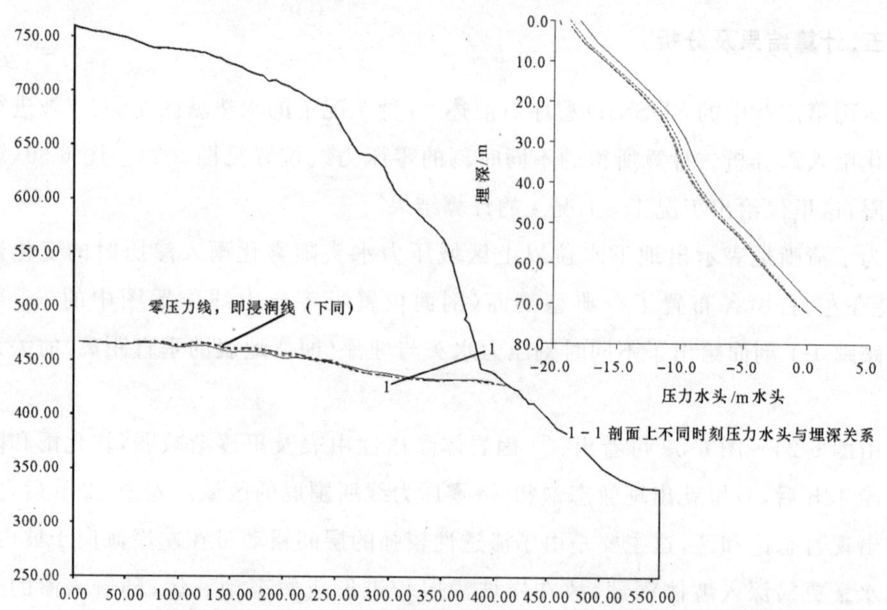

图 6-24　左岸工况 1 不同时刻零压力线位置

（实线—$t=0$h；虚线—$t=24$h；点划线—$t=48$h；双点划线—$t=72$h）

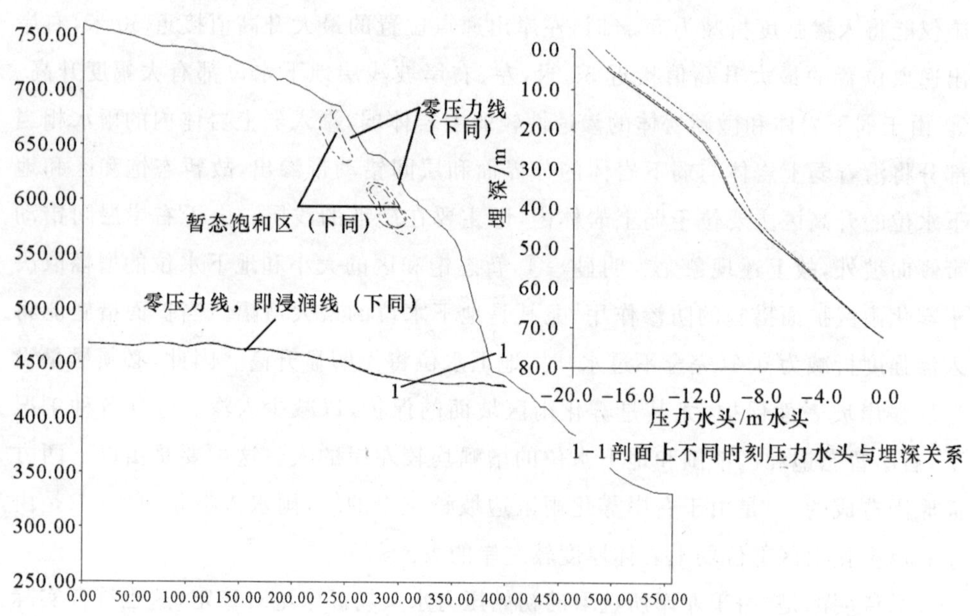

图 6-25　左岸工况 1 不同时刻零压力线位置

（实线—$t=96$h；虚线—$t=120$h；点划线—$t=144$h；双点划线—$t=192$h）

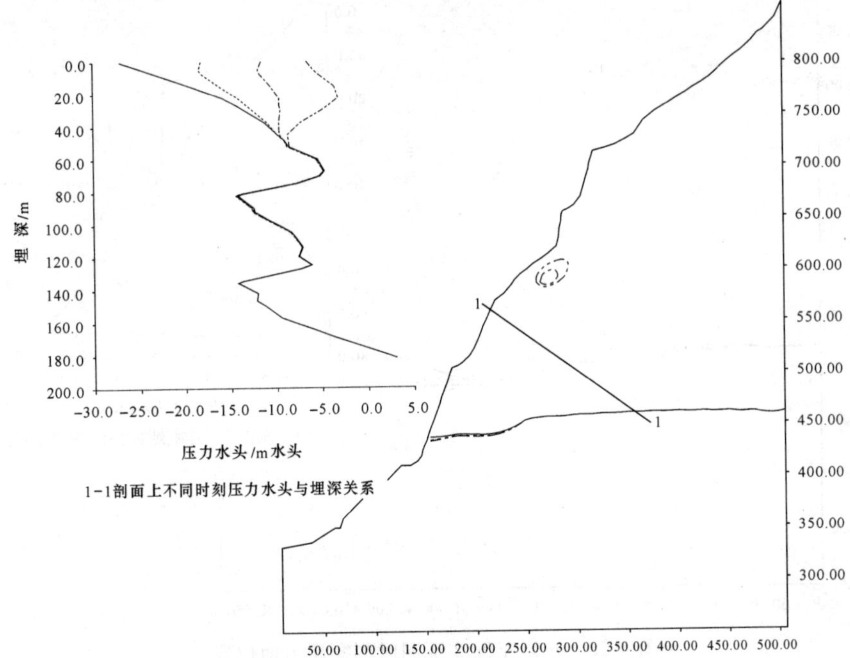

图 6-26　右岸工况 1 不同时刻零压力面位置

（实线－t=0h；虚线－t=24h；点划线－t=48h；双点划线－t=72h）

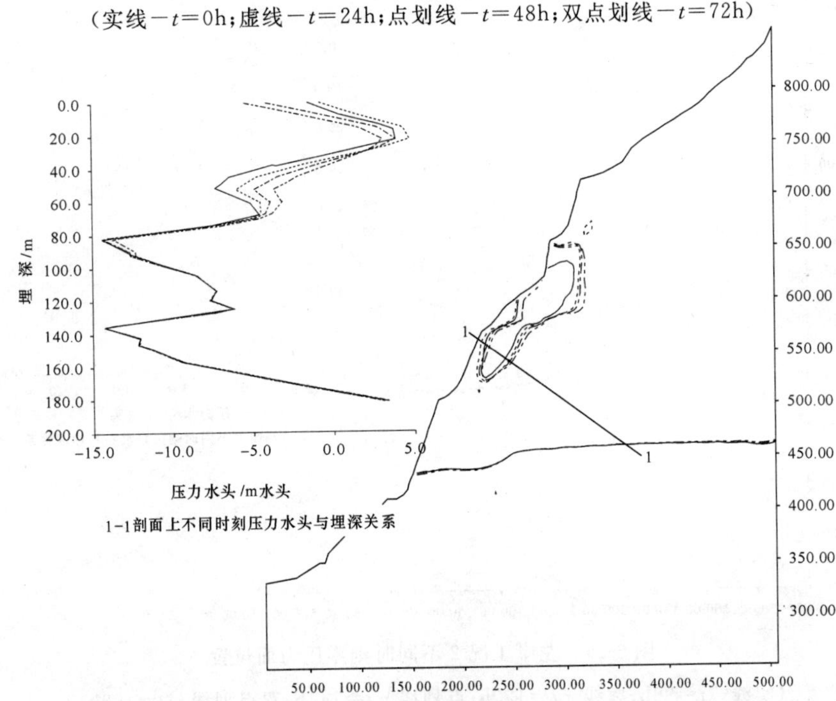

图 6-27　右岸工况 1 不同时刻零压力面位置

（实线－t=96h；虚线－t=120h；点划线－t=144h；双点划线－t=192h）

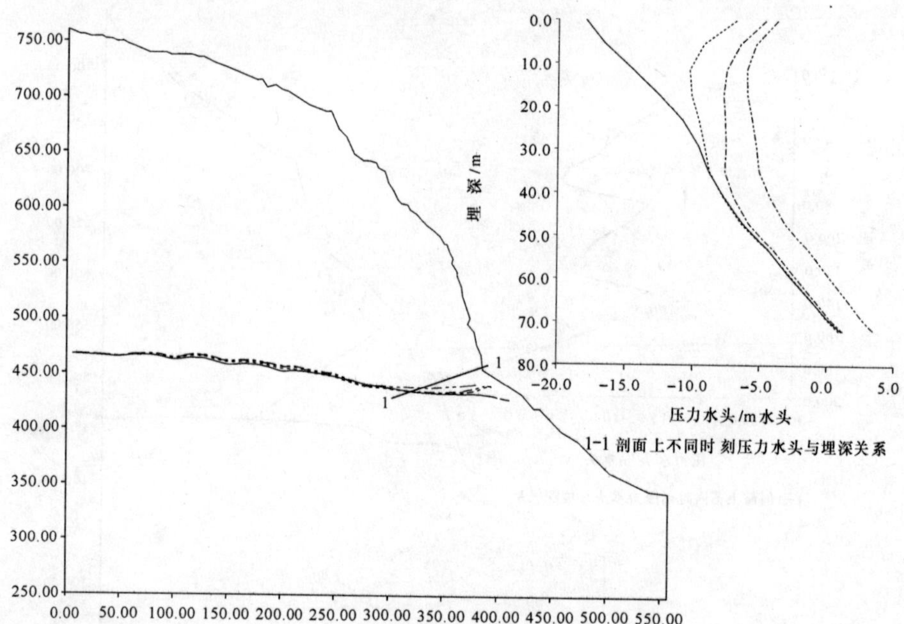

图 6-28　左岸工况 2 不同时刻零压力面位置

（实线－$t=0$h；虚线－$t=24$h；点划线－$t=48$h；双点划线－$t=72$h）

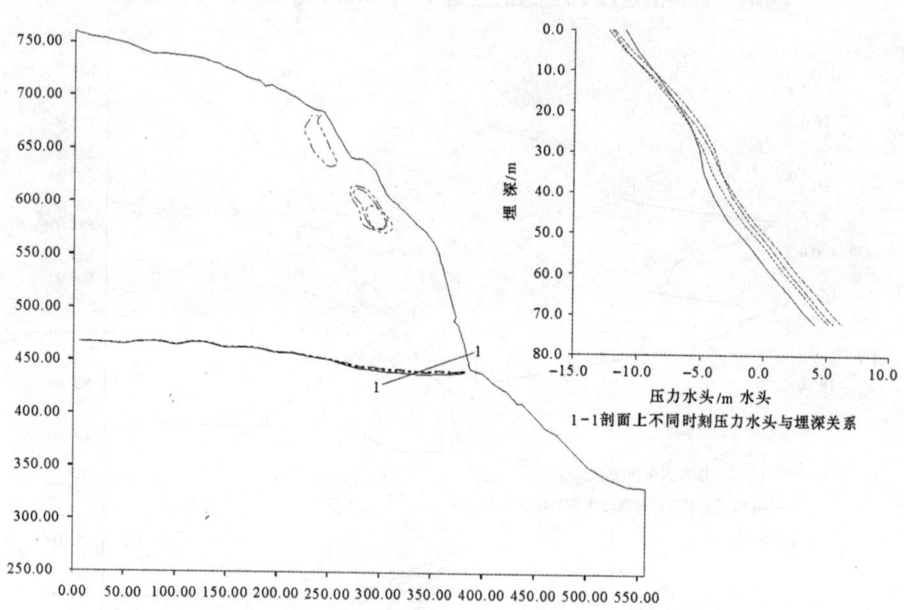

图 6-29　左岸工况 2 不同时刻零压力面位置

（实线－$t=96$h；虚线－$t=120$h；点划线－$t=144$h；双点划线－$t=192$h）

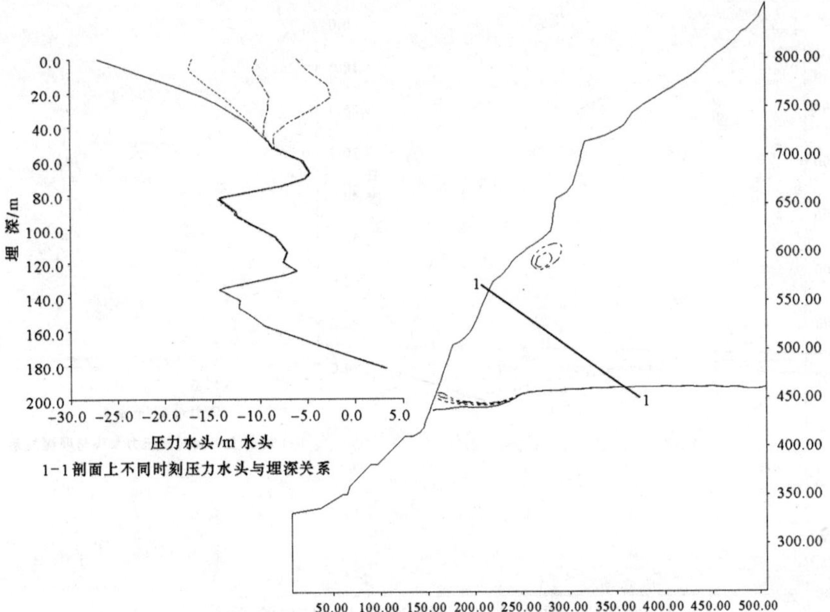

图 6-30　右岸工况 2 不同时刻零压力面位置

（实线－$t=0$h；虚线－$t=24$h；点划线－$t=48$h；双点划线－$t=72$h）

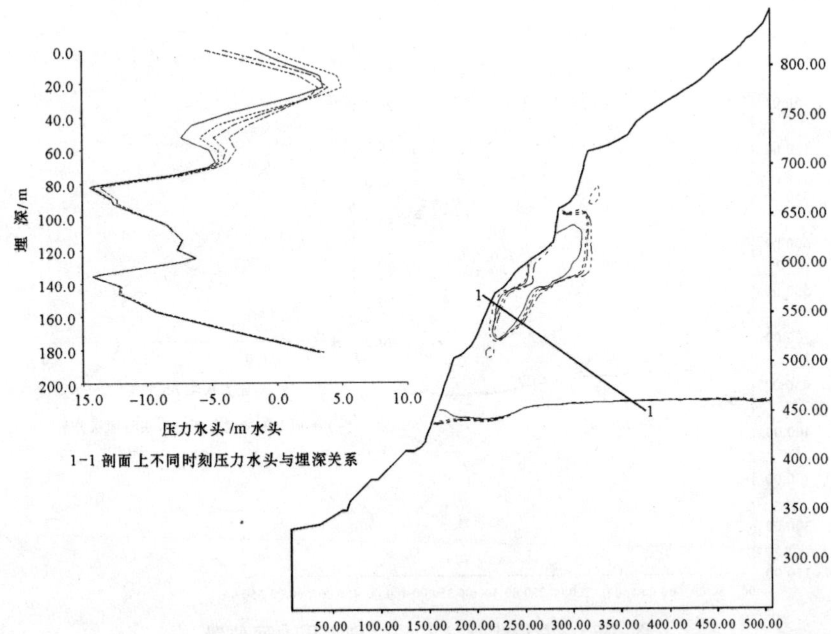

图 6-31　右岸工况 2 不同时刻零压力面位置

（实线－$t=96$h；虚线－$t=120$h；点划线－$t=144$h；双点划线－$t=192$h）

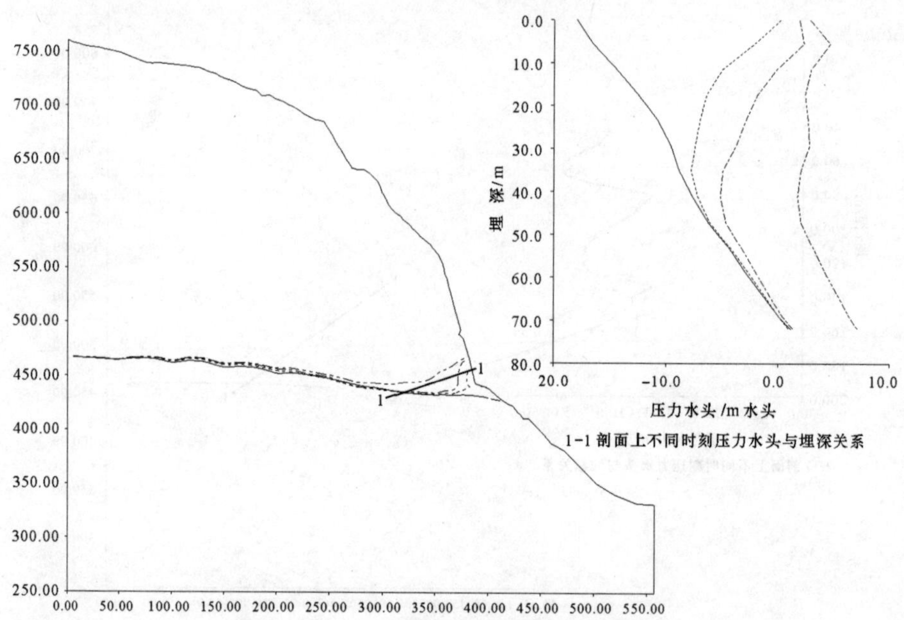

图 6-32 左岸工况 3 不同时刻零压力面位置

(实线－t＝0h;虚线－t＝24h;点划线－t＝48h;双点划线－t＝72h)

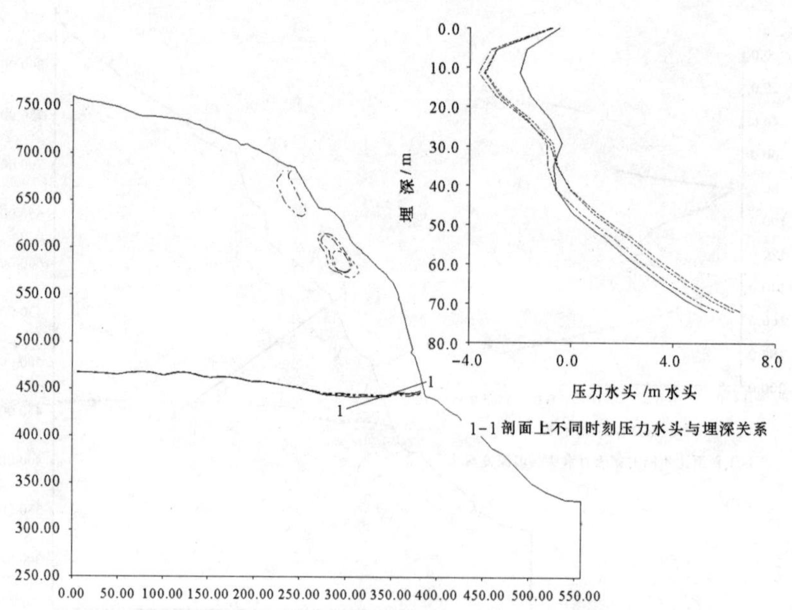

图 6-33 左岸工况 3 不同时刻零压力面位置

(实线－t＝96h;虚线－t＝120h;点划线－t＝144h;双点划线－t＝192h)

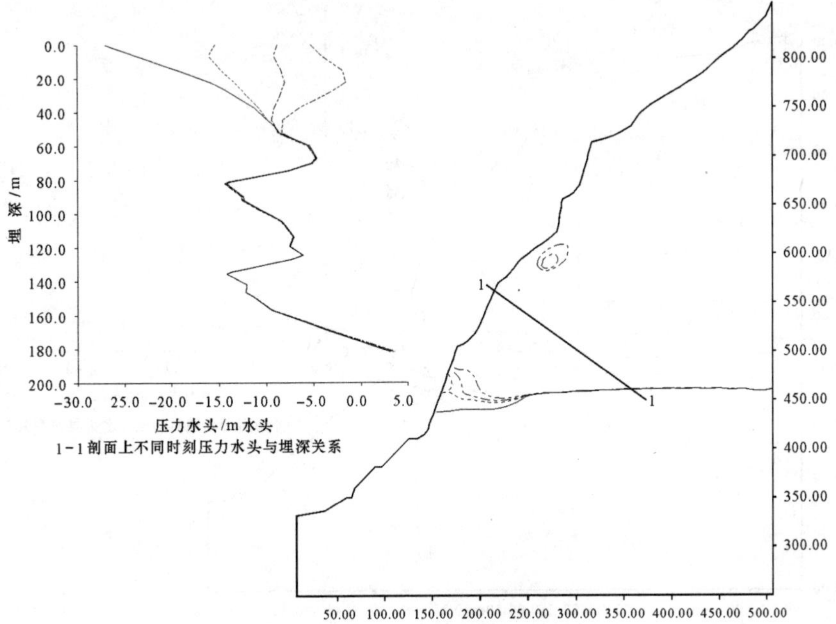

图 6-34 右岸工况 3 不同时刻零压力面位置

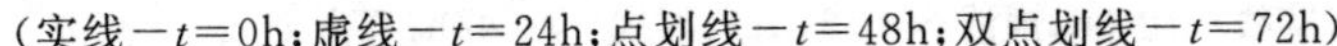
（实线—t=0h；虚线—t=24h；点划线—t=48h；双点划线—t=72h）

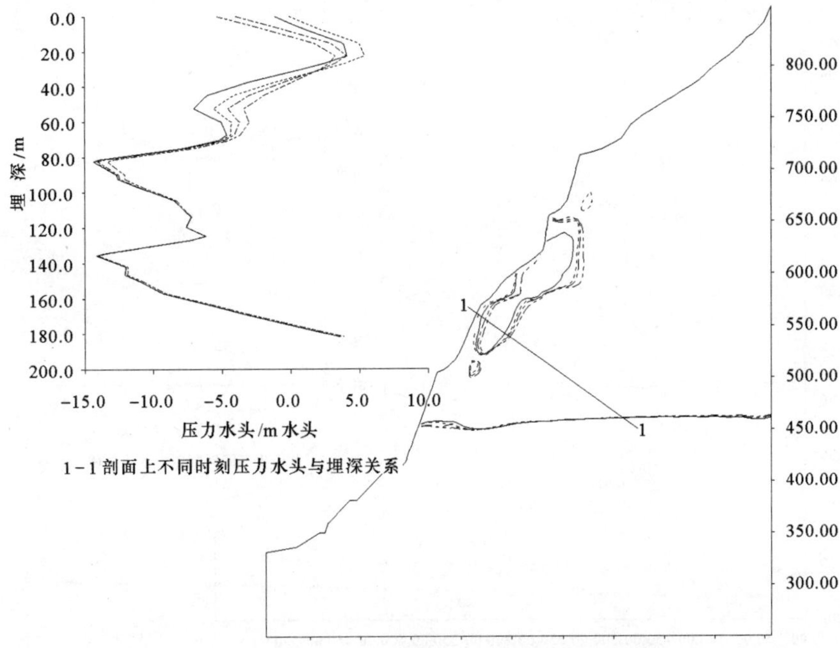

图 6-35 右岸工况 3 不同时刻零压力面位置

（实线—t=96h；虚线—t=120h；点划线—t=144h；双点划线—t=192h）

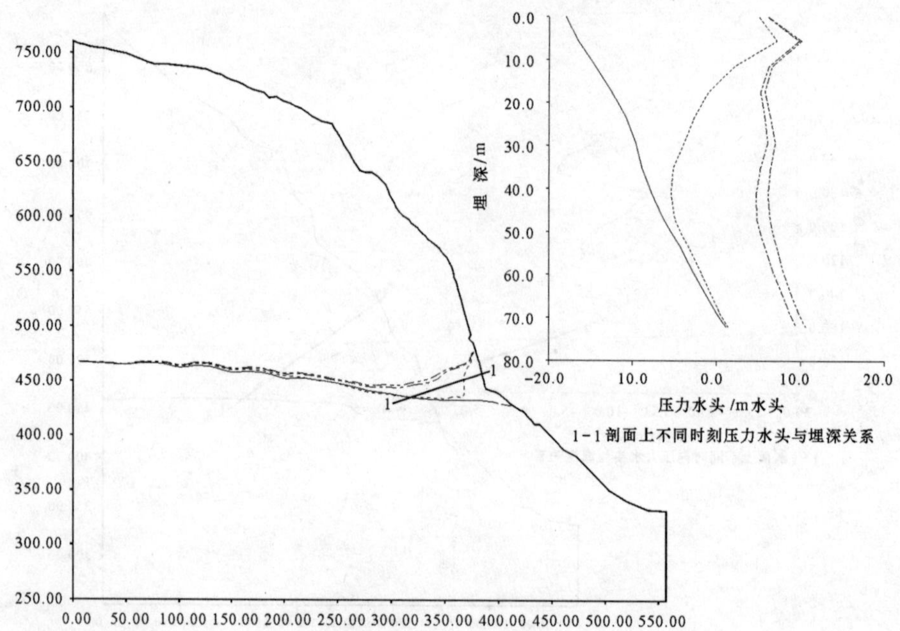

图 6-36　左岸工况 4 不同时刻零压力面位置

（实线－t＝0h；虚线－t＝24h；点划线－t＝48h；双点划线－t＝72h）

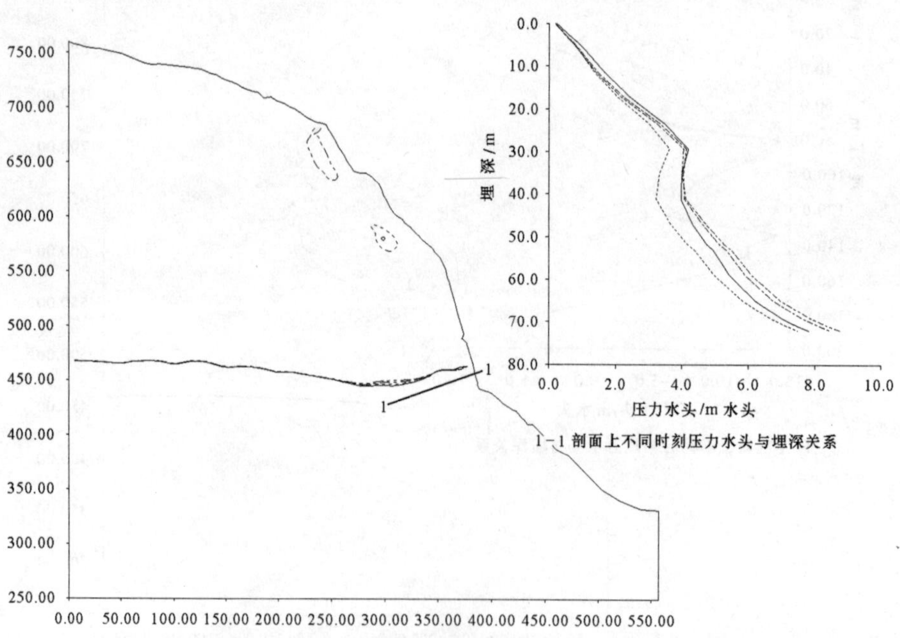

图 6-37　左岸工况 4 不同时刻零压力线位置

（实线－t＝96h；虚线－t＝120h；点划线－t＝144h；双点划线－t＝192h）

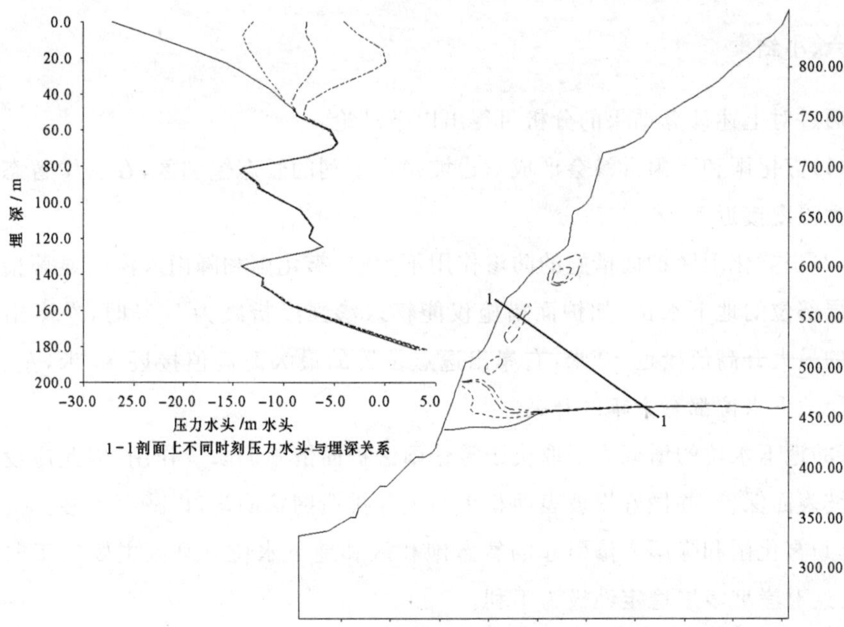

图 6-38 右岸工况 4 不同时刻零压力面位置

(实线－t=0h;虚线－t=24h;点划线－t=48h;双点划线－t=72h)

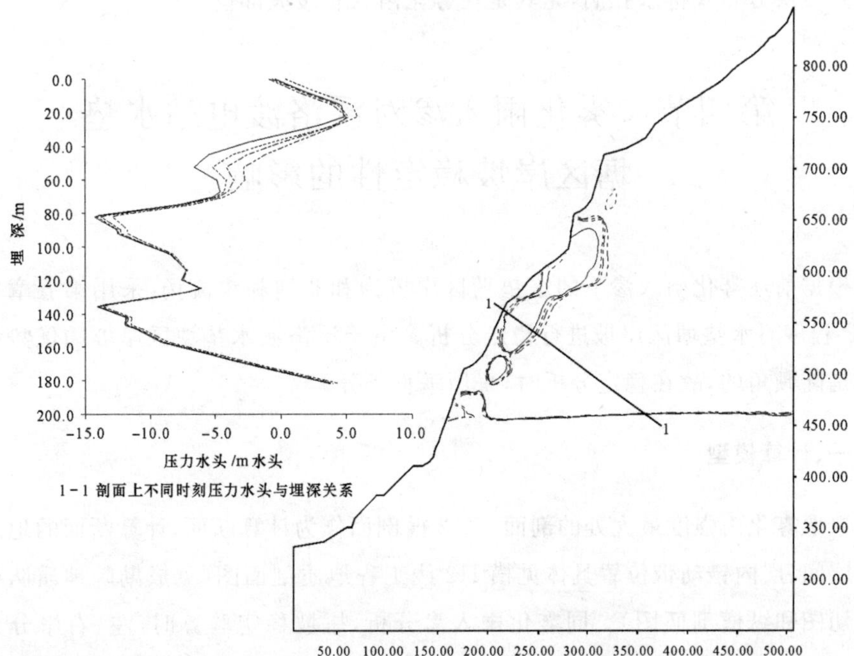

图 6-39 右岸工况 4 不同时刻零压力面位置

(实线－t=96h;虚线－t=120h;点划线－t=144h;双点划线－t=192h)

六、小结

通过对上述计算结果的分析可得出以下结论：

(1)雾化雨和降雨入渗会形成对边坡稳定不利的暂态饱和区，在右岸暂态饱和区最大深度接近 50 米。

(2)当雾化雨区护面措施的防渗作用不大时，雾化雨和降雨入渗会显著抬高岸坡浅层部位的地下水位，如护面措施仅能将入渗强度折减为 50%时，左岸出逸点位置的最大升高值接近 50 米，右岸出逸点位置的最大升高值接近 55 米，左、右岸坡浅层地下水位都有大幅度升高。

(3)地下水位的增幅主要取决于雾化雨区护面措施的防渗作用，因此应设法加强岸坡表面保护，并做好岸坡表面积水的疏导排泄网状明沟，以减少入渗。

(4)雾化雨和降雨入渗引起的暂态饱和区和地下水位升高区主要位于弱上岩体内，这对岸坡浅层稳定性极为不利。

(5)由于入渗形成的暂态饱和区主要处于岸坡浅层部位(离地表的最大深度接近 50 米)，为了有效地控制入渗形成的饱和非饱和渗透水流，在水垫塘区岸坡中应多布置浅层分布式排水孔洞，尤其是在雾化雨区和缓坡部位。

第四节　雾化雨入渗对溪洛渡电站水垫塘区岸坡稳定性的影响

根据前述雾化雨入渗下的水垫塘区岸坡饱和非饱和渗流场，采用第五章中的 ZSLP 程序对水垫塘区岸坡进行稳定分析。由于溪洛渡水垫塘区岸坡的优势结构面都是陡倾角的，故在稳定分析时，采用垂直条分。

一、计算模型

选取雾化雨强度最大处的剖面－I12 横剖面作为计算断面，计算断面的地质分区和层间、层内错动带位置具体见横 I12 线工程地质剖面图(见成勘院地质队提供的平切图和纵横剖面图)。同雾化雨入渗分析，岸坡稳定验算时，左、右岸分开进行，计算工况同雾化雨入渗分析时所采用的工况。岸坡稳定验算分整体深层滑动和雾化雨区局部浅层滑动两种情况进行。

根据横 I12 线地质剖面图和饱和非饱和渗流场，把计算断面细分为 14 层，如

图 6-40 和图 6-41 所示。每一层均为同一种地质材料，每一层的压力水头值取各层有限个点处压力水头的平均值。

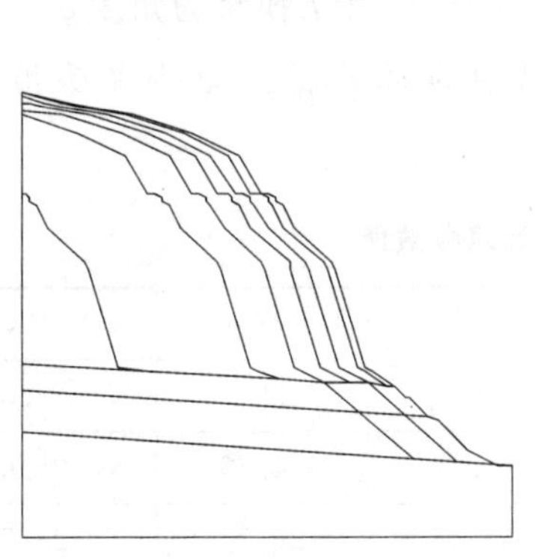

图 6-40　左岸计算断面分层图

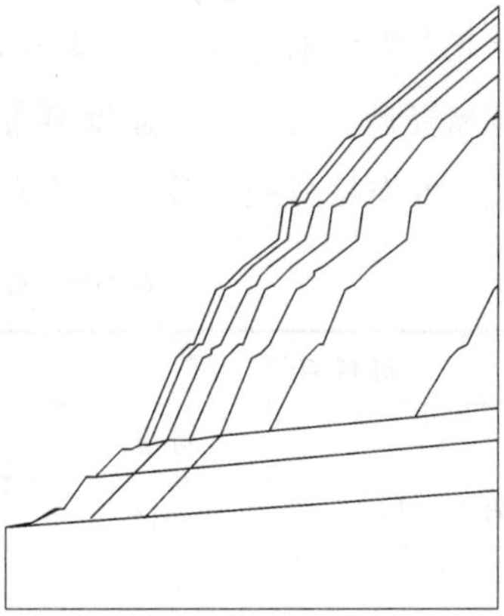

图 6-41　右岸计算断面分层图

由于层间、层内错动带和陡倾角裂隙的抗剪强度指标均远小于岩体的抗剪强度指标，故岸坡最可能沿层间、层内错动带和陡倾角裂隙滑动。底滑面由层间、层内错动带组成，层间、层内错动带定位按 I12 横剖面上的位置。层间、层内错动带根据风化卸荷情况分为弱上、弱下和微新三段，各段的深度见文献[210]中的表 5。侧向滑裂面由陡倾角裂隙组成，其中右岸中高高程为第①组陡倾角裂隙，其产状为 EW/S(N)∠70～85°，右岸低高程为第④组陡倾角裂隙，其产状为 N60～80°E/SE(NW)∠65～85°；左岸为第③组陡倾角裂隙，其产状为 N20～30°W/SW(NE)∠70～85°。

综上所述，滑裂面由层间、层内错动带和陡倾角裂隙组成，可由若干段折线来描述，其中右岸滑裂面最多分为 9 段折线(底滑面根据风化卸荷情况分为 3 段，侧滑面根据高程和风化卸荷情况分为 6 段)，左岸滑裂面最多分为 6 段折线(底滑面根据风化卸荷情况分为 3 段，侧滑面根据风化卸荷情况分为 3 段)。搜索最危险滑裂面位置的基本思路为：先固定底滑面位置(取一层间或层内错动带)，再搜索最危险侧滑面并记录下位置及相应的稳定安全系数(侧滑面按陡倾角裂隙的倾角和裂隙间距平行搜索，其中陡倾角裂隙的倾角取倾角范围的上限值和下限值作比较)；改变底滑面位置，即取另一组错动带，同上搜索并记录下最危险侧滑面位置及相应的稳定安全系数，直至验算完所有的错动带位置；最后通过比较确定出最危险滑裂面位置和相应的最小稳定安全系数。此外，由于弱上岩体内裂隙较发育，岩体破碎呈镶嵌至碎裂结构，当侧滑面位于弱上岩体内时，按任意倾角搜索最危险侧滑面。

二、计算参数

计算参数依据文献[210]来选取。内摩擦角由正切值 f 换算为角度 φ'。由于缺乏实测资料，反映抗剪强度随基质吸力而增加的速率 φ^b 角取内摩擦角 φ' 的 50%[6]。各类材料的计算参数汇总于表 6-9。

表 6-9　各类材料所需的计算参数值

材料类型		c' (kPa)	c'(°)	φ^b(°)	容重(kN/m³)
岩　体	弱上	800	45	22.5	27.5
	弱下	1700	49.72	24.86	28.0
	微新	2500	53.47	26.74	28.5
层间、层内错动带	弱上	100	21.8	10.9	
	弱下	150	26.57	13.28	
	微新	250	28.81	14.4	
陡倾角裂隙	弱上	100	28.81	14.4	
	弱下	300	40.36	20.18	
	微新	500	45	22.5	

底滑面为层间、层内错动带，而层间、层内错动带的连通率为100%，故底滑面的抗剪强度参数取层间、层内错动带的抗剪强度参数。由于陡倾角裂隙分布有一定的连通率，而作稳定分析时，假设侧滑面是完全连通的，因此侧滑面的抗剪强度参数应选取岩体参数和陡倾角裂隙参数的加权平均值。侧滑面抗剪强度指标的计算公式如下：

$$\varphi'=\varphi'_r(1-\psi)+\varphi'_f\cdot\psi,\quad c'=c'_r(1-\psi)+c'_f\cdot\psi,\quad \varphi^b=\varphi^b_r(1-\psi)+\varphi^b_f\cdot\psi \tag{6-1}$$

式中：φ'_r、φ'_f 和 φ' 分别为岩体、陡倾角裂隙和侧滑面的内摩擦角；c'_r、c'_f 和 c' 分别为岩体、陡倾角裂隙和侧滑面的有效凝聚力；φ^b_r、φ^b_f 和 φ^b 分别为岩体、陡倾角裂隙和侧滑面的表示抗剪强度随基质吸力而增加的速率；ψ 为陡倾角裂隙的连通率。

据式(6-1)求得的侧滑面抗剪强度指标如表 6-10 所示。

表 6-10 侧滑面的抗剪强度指标值

风化卸荷	岩体抗剪强度指标			陡倾角裂隙抗剪强度指标			连通率 ψ	侧滑面抗剪强度指标		
	c'_r (kPa)	φ'_r(°)	φ_r^b(°)	c'_f (kPa)	φ'_f(°)	φ_f^b(°)		c' (kPa)	φ'(°)	φ^b(°)
弱上	800	45	22.5	100	28.81	14.4	35%	555	39.33	19.67
弱下	1700	49.72	24.86	300	40.36	20.18	30%	1280	46.91	23.46
微新	2500	53.47	26.74	500	45	22.5	25%	2000	51.35	25.68

据文献[210]，进行岸坡稳定分析时，水平向地震系数 $K_H=0.321$，地震加速度分布系数 $\theta=1.0$。

三、计算结果及分析

根据前述各种工况下不同时刻的饱和非饱和渗流场计算结果以及所选定的抗滑稳定计算参数，对水垫塘区岸坡的整体深层滑动和雾化雨区局部浅层滑动进行了验算。篇幅所限，这里仅给出工况 1～工况 4 的计算结果。

从验算结果看，整体深层滑动的稳定安全系数随雾化雨入渗的进行降低不大，这里不给出整体深层滑动的稳定安全系数与雾化雨历时的关系，仅给出 4 种工况下稳定安全系数的最大降幅（雨停 24h 左右稳定安全系数达到最低），如表 6-11 所示。

表 6-11 4 种工况下左、右岸整体深层滑动稳定安全系数的最大降幅

工况	左岸整体深层滑动			右岸整体深层滑动		
	初始安全系数	最低安全系数	最大降幅	初始安全系数	最低安全系数	最大降幅
1	2.221	2.218	0.14%	1.937	1.934	0.16%
2	2.221	2.213	0.36%	1.937	1.928	0.46%
3	2.221	2.210	0.50%	1.937	1.924	0.67%
4	2.221	2.206	0.68%	1.937	1.921	0.83%

4 种工况下，左、右岸雾化雨区局部浅层滑动的稳定安全系数与雾化雨历时的关系如图 6-42 和图 6-43 所示。

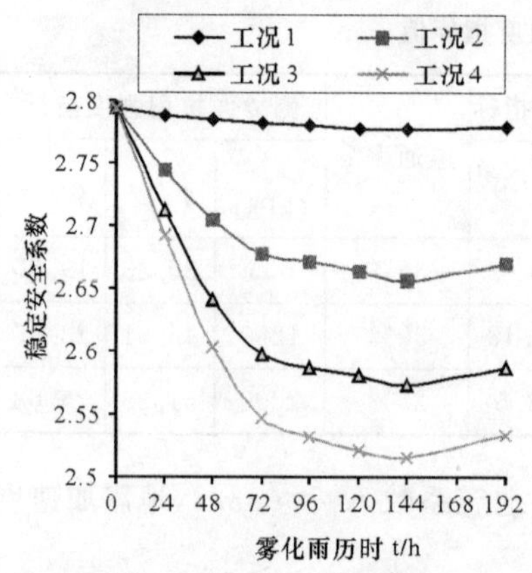

图 6-42　左岸安全系数与雾化雨历时的关系(工况 1～工况 4)

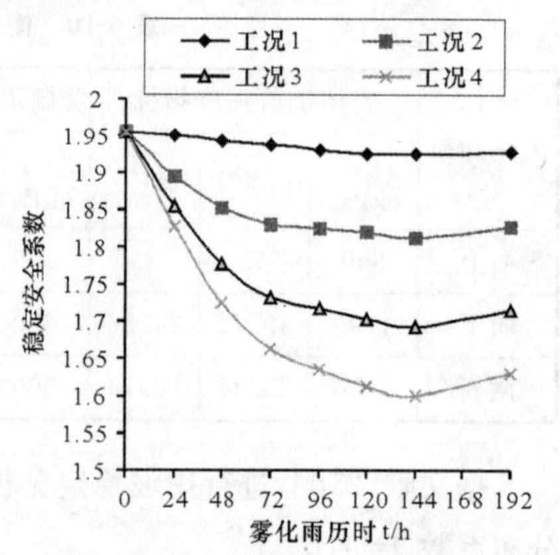

图 6-43　右岸安全系数与雾化雨历时的关系(工况 1～工况 4)

不同工况不同时刻整体深层滑动和雾化雨区局部浅层滑动的最危险滑裂面位置会有所不同,但变化不大。由于篇幅所限,这里仅给出典型的最危险滑裂面位置,如图 6-44～图 6-47 所示。

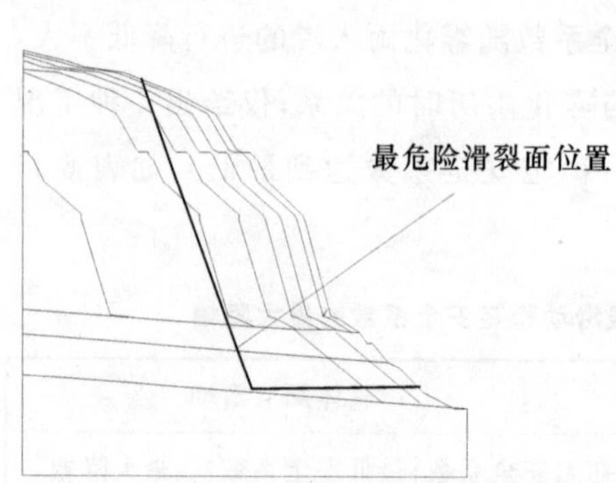

图 6-44　左岸整体深层滑动的最危险滑裂面

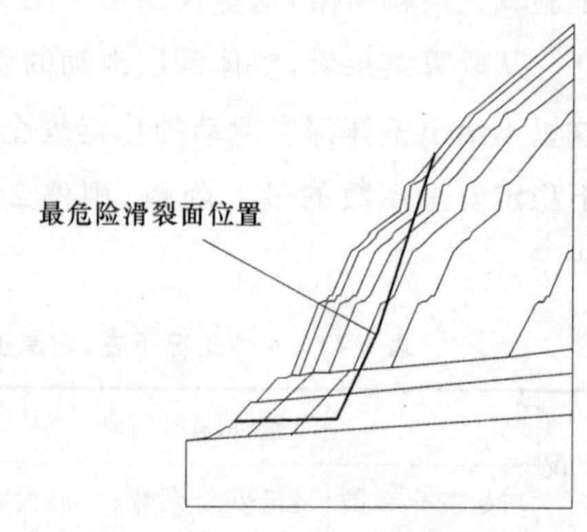

图 6-45　右岸整体深层滑动的最危险滑裂面

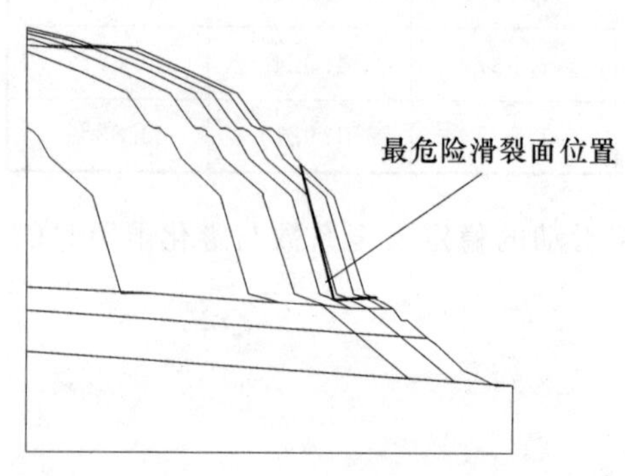

图 6-46　左岸雾化雨区浅层滑动的最危险滑裂面

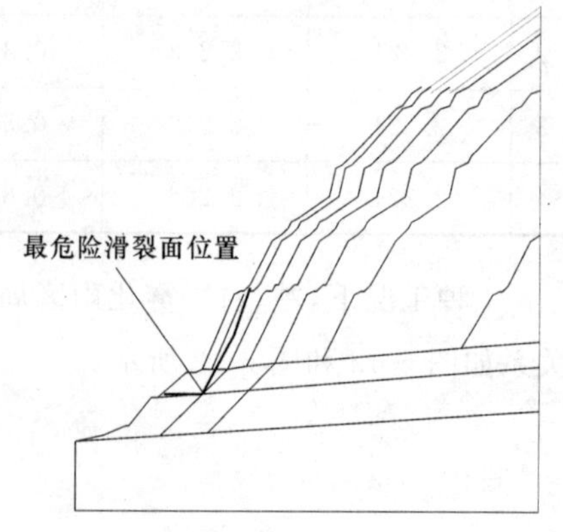

图 6-47　右岸雾化雨区浅层滑动的最危险滑裂面

由表 6-11 可看出，水垫塘区岸坡整体深层滑动的稳定安全系数随雾化雨入渗的进行降低不大，其中左岸稳定安全系数的最大降幅为 0.68%（工况 4），右岸稳定安全系数的最大降幅为 0.83%（工况 4）。整体深层滑动的稳定安全系数对雾化雨入渗影响不太敏感可由以下两方面的原因来解释。一是由于岸坡较陡，且岩体渗透性由表及里减小明显，雾化雨入渗很难深入到岩坡内部，而最危险滑裂面位置又较深，故滑裂面的抗剪强度指标没有降低（处于岩坡浅层的部分滑裂面除外）；二是由于所形成的暂态饱和区与滑动岩体体积相比不大，因此由暂态饱和区所增加的滑动岩体重量和附加暂态水荷载也不大。

由图 6-42 和图 6-43 可看出：① 各种工况下，雾化雨区局部浅层滑动的稳定安全系数随雨水的下渗而逐渐降低，入渗结束后 24h 降至最低，之后又有所回升。导致稳定安全系数降低主要有以下两方面的原因，一是由于雨水的入渗引起滑裂面处孔隙水压力的增加，使滑裂面的抗剪强度降低；二是由于暂态饱和区的形成，增加了滑动力。由于入渗停止后，水分还将继续往下渗，滑裂面处的孔隙水压力还将继续升高，故入渗停止后稳定安全系数将进一步降至最低值。之后随着暂态饱和区的消失，稳定安全系数又会有所回升。② 雾化雨区护面措施的防渗作用对雾化雨区局部浅层滑动的稳定安全系数影响很大。当护面措施能将入渗强度折减为 0%时，左岸雾化雨区局部浅层滑动稳定安全系数最大仅从初始的 2.794 降为 2.777（工况 1）；右岸最大仅从初始的 1.954 降为 1.924（工况 1）。当护面措施仅能将入渗强度折减为 50%时，左岸雾化雨区局部浅层滑动稳定安全系数最大从初始的 2.794 降为 2.515（工况 4），降幅达 9.9%；右岸最大从初始的 1.954 降为 1.601（工况 4），降幅达 18.1%。③ 右岸雾化雨区局部浅层滑动稳定安全系数的降幅比左岸的大，这主要是由于右岸雾化雨区边坡较左岸的缓，雨水的入渗量更大。

四、小结

通过对上述计算结果的分析可得出以下结论：

（1）水垫塘区岸坡整体深层滑动的稳定安全系数随雾化雨入渗的进行降低不大。

（2）各种工况下，雾化雨区局部浅层滑动的稳定安全系数随入渗的进行将逐渐降低，入渗结束后 24h 降至最低，之后又有所回升。

（3）雾化雨区护面措施的防渗作用对雾化雨区局部浅层滑动的稳定安全系数影响很大。当护面措施能将入渗强度折减为 0%时，左岸雾化雨区局部浅层滑动稳定安全系数最大仅从初始的 2.794 降为 2.777（工况 1）；右岸最大仅从初始的 1.

954 降为 1.924(工况 1)。当护面措施仅能将入渗强度折减为 50%时，左岸雾化雨区局部浅层滑动稳定安全系数最大从初始的 2.794 降为 2.515(工况 4)；右岸最大从初始的 1.954 降为 1.601(工况 4)。因此应设法加强坡面保护，以最大限度的减少入渗。

(4)由于右岸雾化雨区边坡较左岸的缓，雨水的入渗量更大，故右岸雾化雨区局部浅层滑动稳定安全系数的降幅比左岸的大。

(5)值得指出的是，在雾化雨和降雨入渗分析中，由于尚待进一步试验校核非饱和水力参数，故目前计算结果仅作为溪洛渡电站水垫塘区岸坡渗控和抗滑设计的参考依据。为使得水垫塘区岸坡渗控和抗滑设计更趋于可靠合理，建议进行室内和现场的有关试验研究，以测得可靠的非饱和水力参数以及非饱和带基质吸力对抗剪强度的影响资料，使溪洛渡电站水垫塘区岸坡渗控设计更全面、更安全、更合理。

第五节 讨 论

首先应用第四章中所建立的有地表入渗的裂隙岩体饱和非饱和渗流分析模型和 SUSS3D 计算程序对小湾电站水垫塘区岸坡自然降雨入渗和溪洛渡电站水垫塘区岸坡雾化雨入渗进行了分析。计算结果表明：① 雾化雨和降雨入渗会形成对边坡稳定不利的暂态饱和区，并引起地下水位的升高；② 暂态饱和区的大小和地下水位的增幅主要取决于护面措施的防渗作用，因此应设法加强岸坡表面保护，以减少入渗。

最后在上述饱和非饱和渗流场计算结果的基础上，运用第五章中的边坡稳定验算程序 ZSLP 研究了雾化雨入渗对溪洛渡电站水垫塘区岸坡稳定性的影响。验算结果表明：地表入渗会大幅度降低岸坡的稳定安全系数，应重视地表入渗的控制。

上述工程应用情况再次表明第四章和第五章中的分析模型和计算程序不仅是合理可靠的，也是可行的。

本章首次对大型水利工程的水垫塘区岸坡进行了考虑雾化雨入渗的饱和非饱和渗流定量分析，并在饱和非饱和渗流场计算结果的基础上，定量研究了雾化雨入渗对岸坡稳定性的影响。研究成果不仅为工程建设提供了科学依据，同时也使我们对地表入渗影响岩坡稳定性有了一个量化的概念。

雾化雨入渗的定量分析，可以定量地考虑雾化雨入渗对边坡稳定的影响。而现有的雾化雨模型试验只提供了雨强分区，并不能判断对岸坡稳定的影响。通过定量计算可以比较客观地反映强入渗条件下边坡暂态饱和区的范围，定量地来分析不同区域雨强对边坡稳定的影响。通过定量分析可以提出相应的工程处理措施和经济有效的处理方法。

第七章

结论与展望

第七章　结论与展望

第一节　总　结

本书系统综述了国内外裂隙岩体非饱和渗流研究及地表入渗对岩坡稳定性影响的研究现状。针对现有研究成果的不足，从裂隙非饱和渗流基本规律入手，对单裂隙非饱和水力参数的试验测定和数值模拟确定、单裂隙非饱和渗流机理、完整岩石非饱和水力参数试验测定、有地表入渗的裂隙岩体非饱和渗流分析以及地表入渗对岩坡稳定性的影响等方面进行了较为深入地研究，并将上述研究成果应用于实际大型工程问题的分析中。具体研究成果归纳如下：

(1)介绍了裂隙岩体非饱和渗流的定义和研究意义。从单裂隙非饱和渗流研究和裂隙岩体非饱和渗流分析模型这两方面出发，系统综述了裂隙岩体非饱和渗流的研究进展。介绍了地表入渗影响下的岩坡稳定性研究概况。在分析现有研究成果不足的基础上，提出了一些待研究的问题。

(2)借鉴前人的研究成果，基于动力法原理(即逐步建立水相和气相之间的稳定流动状态)，研制出了一套可同时测定单裂隙排水和吸水时的毛细压力～饱和度以及非饱和渗透系数～毛细压力关系的实验装置，并设计制作了一阶梯开度的“S－H”裂隙概化模型。在该实验装置上进行了裂隙概化模型的试验，验证了本书实验装置和试验原理的合理可靠性，同时初步阐明了单裂隙非饱和渗流的机理。通过上述试验发现，裂隙持水曲线与多孔介质持水曲线的主要区别在于裂隙吸、排水曲线之间的滞后性不如多孔介质的明显。在确信上述实验装置和试验原理可靠性的前提下，提出了一种用该实验装置来测定单裂隙非饱和水力参数的物模试验法。

(3)在总结分析以往数值试验法优缺点的基础上，运用分形几何和蒙特卡洛模拟等理论，提出了一种更为合理的确定单裂隙非饱和水力参数的数值试验法，并研制出了相应的模拟程序 FRACTURE。由于该法在生成裂隙充水域时考虑了水和气的“圈闭”影响，故能模拟出裂隙排水与吸水过程间客观存在的滞后现象，这是以往数值试验法所不能的。

(4)借用土体非饱和渗流研究方法,给出了完整岩石非饱和渗流试验装置、试验原理及完整岩石非饱和水力参数的试验测定方法。

(5)针对裂隙较发育的岩体,采用与当前岩体工程勘探水平相适应的等效连续介质模型,建立了有地表入渗的裂隙岩体饱和非饱和渗流的数学模型,对其中的入渗边界等条件的处理作了改进。以 Galerkin 有限元方法为模拟手段,研制了相应的算法,并编制了考虑地表入渗的三维饱和非饱和渗流有限元计算程序 SUSS3D。通过几个算例分析表明上述模型和计算程序是合理可行的。

(6)借鉴非饱和土的抗剪强度理论,运用刚体极限平衡法,研制出了地表入渗影响下的岩坡稳定性验算程序 ZSLP。该程序考虑了基质吸力对岩体抗剪强度的贡献以及暂态附加水荷载对岩坡稳定的不利作用(若具备含水量与岩体强度指标之间的关系,还能考虑水对岩体的软化作用),使计算结果更贴近实际。

(7)将上述研究成果应用于小湾电站水垫塘区岸坡降雨入渗分析、溪洛渡电站水垫塘区岸坡雾化雨入渗分析以及雾化雨入渗对溪洛渡电站水垫塘区岸坡稳定性的影响等实际工程问题的研究。结果表明地表入渗确会给边坡稳定带来不利的影响。

本书的主要创新成果有:① 基于动力法原理,研制出了一套可同时测定单裂隙排水和吸水时的毛细压力~饱和度关系以及非饱和渗透系数~毛细压力关系的实验装置并给出了相应的测定单裂隙非饱和水力参数的试验方法,在该实验装置上做了裂隙概化模型("S－H"裂隙模型)的试验,初步阐明了细、微裂隙非饱和渗流的机理和基本水力特性;② 运用分形几何等理论,考虑水和气的"圈闭"影响,提出了一种更为合理的确定单裂隙非饱和水力参数的数值试验法,该法能模拟出单裂隙排水与吸水过程间客观存在的滞后现象;③ 基于等效连续介质理论,建立了有地表入渗的裂隙岩体饱和非饱和渗流的数学模型并研制出了考虑地表入渗的裂隙岩体三维饱和非饱和渗流有限元计算程序,由于在非饱和水力参数的确定以及入渗边界的处理等方面比以往方法有所改进,使得降雨或泄洪雾化雨入渗下的裂隙岩体饱和非饱和渗流场的模拟结果能更贴近实际;④ 借鉴非饱和土的抗剪强度理论,研制出了地表入渗影响下的岩坡稳定性验算程序,该程序考虑了非饱和带基质吸力对岩体抗剪强度的贡献、暂态附加水荷载对岩坡稳定的不利作用;⑤ 应用上述研究成果,首次对大型水电工程的水垫塘岸坡进行了雾化雨入渗定量分析以及雾化雨入渗影响岸坡稳定的定量研究,并提出了保护岸坡安全的具体措施。

第二节　有待进一步研究的问题

(1)裂隙非饱和水力参数的可靠性直接影响着裂隙岩体非饱和渗流的模拟精度,应进一步运用本书的实验装置和试验方法,开展天然裂隙的非饱和渗流试验,以获得可靠的裂隙非饱和水力参数并在试验结果的基础上提出适合于描述裂隙非饱和水力参数的拟合模型。

(2)运用数值试验法来确定裂隙非饱和水力参数时,如何考虑裂隙面上的薄膜水、局部水气相界面曲率以及裂隙局域几何形态的影响,有待于进一步研究。

(3)对裂隙分布稀疏的裂隙岩体或流动随时间变化剧烈的非恒定流问题,还有待于建立完善的双重介质模型来模拟裂隙岩体非饱和渗流,主要是非饱和状态下,裂隙—岩块间水交换项公式的准确确定。

(4)与水利工程相关的渗流问题,其内部边界(如排水孔洞等)一般都很复杂,对非饱和渗流,目前尚未有较好的模拟上述复杂内边界条件的办法。

(5)虽然本书的岩坡稳定分析方法考虑了基质吸力对岩体抗剪强度的贡献和暂态附加水荷载的不利作用,但同样有着刚体极限平衡法自身的不足,故如何将本书方法与更好的边坡稳定分析方法(如有限元法等)相结合值得进一步研究。

(6)由于裂隙赋存规律具有一定的分形特征[211],故开展运用分形几何理论来模拟生成裂隙网络的研究工作,对于运用双重介质模型或离散裂隙网络模型来求解裂隙岩体非饱和渗流具有重要意义。

参考文献

[1] 孙广忠等编. 中国典型滑坡. 北京:科学出版社,1988

[2] Hoek E & Bray J W. Rock slope engineering. London, 1977

[3] 胡云进, 速宝玉, 詹美礼. 雾化雨入渗对溪洛渡水垫塘区岸坡稳定性的影响. 岩土力学,2003,24(1):8—12

[4] 荣冠, 张伟, 周创兵. 降雨入渗条件下边坡岩体饱和非饱和渗流计算. 岩土力学, 2005, 26(10): 1545 —1550

[5] 徐志英. 岩石力学. 北京:水利电力出版社,1986

[6] 弗雷德隆德 R G,拉哈尔佐著 H. 非饱和土土力学[M]. 陈仲颐等译. 北京:中国建筑工业出版 社,1997

[7] 弗里泽 R A,彻里 J A. 地下水. 北京:地震出版社,1987

[8] Gerke H H & Van Genuchten M T. A dual-porosity model for simulating the preferential movement of water and solute in structured porous media. Water Resour. Res., 1993, 29(2):305～319

[9] Peters R R & Klavetter E A. A continuum model for water movement in an unsaturated fractured rock mass. Water Resour. Res., 1988, 24(3):416～430

[10] Wang J S Y & Narasimhan T N. Hydrologic mechanisms governing fluid flow in a partially saturated, fractured, porous medium. Water Resour. Res., 1985, 21(12):1861～1874

[11] Gimmi T, et al. Field－scale water transport in unsaturated crystalline rock. Water Resour. Res., 1997, 33(4):589～598

[12] Flint A L, et al. Evolution of the conceptual model of unsaturated zone hydrology at Yucca Mountain, Nevada. Journal of Hydrology, 2001, 247:1～30

[13] Kueper B H & Mcwhorter D B. The behavior of dense, non-aqueous phase liquids in fractured clay and rock. J. Groundwater, 1991, 29(5):716～728

[14] Kueper B H, Haase C S & King H. Leakage of DNAPL from waste impoundments constructed in fractured rock and clay: Theory and case History. Can. Geotech. J., 1992, 29:234～244

[15] 赵阳升. 矿山岩石流体力学. 北京:煤炭工业出版社,1994

[16] Reitsma S & Kueper B H. Laboratory measurement of capillary pressure-saturation relationships in a rock fracture. Water Resour. Res., 1994, 30(4):865～878

[17] Bodvarsson G S, et al. East Olkaria geothermal field, Kenya, 1, History match with production and pressure decline data. J. Geophys. Res., 1987, 92(B1):521～539

[18] Pruess K, et al. The Krafla geothermal field, Iceland, 4, History match and prediction of individual well performance. Water Resour. Res., 1984, 20(11):1561～1584

[19] Pruess K, Wang J S Y & Tsang Y W. On thermohydrologic conditions near high-level nuclear wastes emplaced in partially saturated fractured tuff, 2, Effective continuum approximation. Water Resour. Res., 1990, 26(6):1249～1261

[20] Neuman S P. Galerkin approach to unsaturated flow in soils. In: Finite Element Method in Flow Problem, Huntstrille, Alabama, 1974:517～522

[21] Lam L, et al. Transient seepage model for saturated-unsaturated soil systems: a geotechnical engineering approach. Can Geotech J, 1987, 24:565～580

[22] Alonso E, et al. Effect of rain infiltration on stability of slopes. Unsaturated Soils. 1995, 1: 241～249

[23] 雷志栋,杨诗秀,谢森传. 土壤水动力学. 北京:清华大学出版社,1988

[24] 于秋春等. 平原区模拟降雨对地下水的入渗补给试验研究. 水利水电技术,1995,9:2～7

[25] Rudolph D L, et al. Infiltration and solute experiments in unsaturated sand and gravel, Cape Cod, Massachusetts: Experimental design and overview of results. Water Resour. Res., 1996, 32(3):519～532

[26] 陈守义. 考虑入渗和蒸发影响的土坡稳定性分析方法. 岩土力学,1997,18(2):8～12

[27] 吴宏伟,陈守义,庞宇威. 雨水入渗对非饱和土边坡稳定性影响的参数研究. 岩土力学,1999, 20(1):1~13

[28] 张家发. 三维饱和非饱和稳定非稳定渗流场的有限元模拟. 长江科学院院报,1997,14(3):35~38

[29] 袁俊平,殷宗泽. 考虑裂隙非饱和膨胀土边坡入渗模型与数值模拟. 岩土力学,2004,25(10):1581~1586

[30] 高骥,雷光耀,张锁春. 堤坝饱和非饱和渗流的数值模拟. 岩土工程学报,1988,10(6):12~16

[31] 吴梦喜,高莲士. 饱和非饱和土体非稳定渗流数值分析. 水利学报,1999,12:38~42

[32] 胡云进,速宝玉,詹美礼. 裂隙岩体非饱和渗流研究综述. 河海大学学报,2000, 28(1):45~51

[33] Gentier S, Billaux D & van Vliet L. Laboratory testing of the voids of a fracture. Int. J. Rock Mech. Rock Eng., 1989, 22:149~157

[34] Shapiro A M & Nicholas J R. Assessing the validity of the channel model of fracture aperture under field conditions. Water Resour. Res., 1989, 25(5):817~828

[35] Pruess K & Tsang Y W. On two-phase relative permeability and capillary pressure of rough-walled rock fractures. Water Resour. Res., 1990, 26(9):1915~1926

[36] 叶自桐,韩冰,杨金忠,周创兵. 岩石裂隙毛管压力—饱和度关系曲线的试验研究. 水科学进展,1998,9(2):112~117

[37] Brooks R H & Corey A T. Hydraulic properties of porous media. Hydrol. Pap. 3, Colo. State Univ., Font Collins, 1964

[38] Van Genuchten M T. A closed-form equation for predicting the hydraulic conductivity of unsaturated soils. Soil Sci. Soc. Am. J., 1980, 44:892~898

[39] 郭东屏,张石峰. 渗流理论基础. 西安:陕西科学技术出版社,1994

[40] Romm E S. Fluid flow in fractured rocks (in Russian). Nedra Publishing House, Moscow, 1966

[41] Merrill L S. Two-phase flow in fractures. Ph. D Thesis, Univ. of Denver, Denver, Colorado, 1975

[42] Nicholl M J & Glass R J. Wetting phase permeability in a partially saturated horizontal fracture. In: Proceedings of the 5th International Conference on High Level Radioactive Waste Management (Vol. 2), 1994, 2007～2019

[43] Persoff P & Pruess K. Two-phase flow visualization and relative permeability measurement in natural rough-walled rock fractures. Water Resour. Res., 1995, 31(5):1175～1186

[44] Corey A T. The interrelationship between gas and oil relative permeabilities. Prod. Mon., 1954, 19:38～41

[45] 赵阳升等. 气液二相流体裂缝渗流规律的模拟实验研究. 岩石力学与工程学报,1999,18(3):354～356

[46] Zhao Yangsheng, et al. An experimental research on the seepage law of two-phase fluid of gas-liquid in rock fracture. In: Vouille G & Berest P (eds). Proceedings of 9th Intern. Conf. for rock mechanics (Vol. 1). Rotterdam: A. A. BALKEMA, 1999, 805～807

[47] Bertels P S, et al. Measurement of aperture distribution, capillary pressure, relative permeability, and in situ saturation in a rock fracture using computed tomography scanning. Water Resour. Res., 2001, 37(3):649～662

[48] Indraratna B, Price J, Ranjith P, etal. Some aspects of unsaturated flow in jointed rock. International Journal of Rock Mechanics & Mining Sciences, 2002, 39: 555～568

[49] 孙役,王恩志,陈兴华. 降雨条件下的单裂隙非饱和渗流实验研究. 清华大学学报,1999, 39(11):14～17

[50] Brown S R & Scholz C H. Broad bandwidth study of the topography of natural rock surfaces. J. Geophys. Res., 1985, 90(B14):12575～12582

[51] Gale J E. Comparison of coupled fracture deformation and fluid flow models with direct measurements of fracture pore structure and stress-flow properties. In: Proceedings of 28th U. S. Symposium on Rock Mechanics, Tucson, AZ, A. A. Balkema, Boston, 1987, 1213～1222

[52] Hakami E & Larsson E. Aperture measurements and flow experiments on a single natural fracture. Int. J. Rock Mech. Min. Sci. & Geomech. Abstr., 1996, 33(4):395～404

[53] Detwiler R L, et al. Measurement of fracture aperture fields using transmit-

ted light: An evaluation of measurement errors and their influence on simulations of flow and transport through a single fracture. Water Resour. Res., 1999, 35(9):2605～2617

[54] Hakami E. Aperture measurements and flow experiments using transparent replicas of rock joints. In: Barton & Stephansson (eds), Rock Joint. 1990

[55] Williams S A & El-Kadi A I. COVAR: A computer program for generating two-dimensional fields of autocorrelated parameters by matrix decomposition. Rep. IGWMCFOS29, Int. Groundwater Model Cent. Holomb Res. Inst., Colo. Sch. of Mines, Golden, 1986

[56] Pruess K. Development of the general purpose simulator MULKOM. Annual Report 1982, Rep. LBL-15500, Earth Sci. Div., Lawrence Berkeley Lab., Berkeley, Calif., 1983

[57] Kwicklis E M & Healy R W. Numerical investigation of steady liquid water flow in a variably saturated fracture network. Water Resour. Res., 1993, 29(12):4091～4102

[58] Healy R W & Kwicklis E M. Modeling of flow and solute transport through a variable aperture partially saturated fracture. Abstract, in U. S. Geol. Surv., 91～125, 39PP., 1991

[59] Mualem Y. A new model for predicting the hydraulic conductivity of unsaturated porous media. Water Resour. Res., 1976, 12(3):513～522

[60] Vandersteen K, Carmeliet J & Feyen J. A network modeling approach to derive unsaturated hydraulic properties of a rough-walled fracture. Transport in Porous Media, 2003, 50:197～221

[61] 王慧明，王恩志，孙役. 裂隙岩体非饱和渗流本构关系. 岩石力学与工程学报,2003,22(12):2037～2041

[62] Mourzenko V V, J F Thovert & P W Adler. Permeability of a single fracture: validity of the Reynolds equation. J. phys Ⅱ France, 1995, 5:465～482

[63] Oron A P & Berkowitz B. Flow in rock fractures: The local cubic law assumption reexamined. Water Resour. Res., 1998, 34(11):2811～2825

[64] Glass R J, et al. A modified invasion percolation model for low-capillary number immiscible displacement in horizontal rough-walled fractures: influ-

ence of local in-plane curvature. Water Resour. Res., 1998, 34(12):3215～3234

[65] Liu H H & Bodvarsson G S. Constitutive relations for unsaturated flow in a fracture network. Journal of Hydrology, 2001, 252: 116～125

[66] Tsang Y W & Tsang C F. Channel model of flow through fractured media. Water Resour. Res., 1987, 23(3):467～479

[67] 周创兵,叶自桐,熊文林. 岩石节理非饱和渗流特性研究. 水利学报, 1998, (3):22～25

[68] Fourar M, et al. Two-phase flow in smooth and rough fractures: Measurement and correlation by porous-medium and pipe flow models. Water Resour. Res., 1993, 29(11):3699～3708

[69] Pieters D A & Graves R M. Fracture relative permeability: linear or nonlinear function of saturation. In: Proceedings of the 1994 SPE International Petroleum Conference, Soc. Of Pet. Eng., Veracruz, Mexico, 1994

[70] Nicholl M J & Wheatcraft S W. Gravity-driven infiltration instability in initially dry non-horizontal fractures. Water Resour. Res., 1994, 30(9):2533～2546

[71] Wan J, et al. Improved glass micromodel methods for studies of flow and transport in fractured porous media. Water Resour. Res., 1996, 32(7): 1955～1964

[72] Pruess K. On water seepage and fast preferential flow in heterogeneous, unsaturated rock fractures. J. Contam. Hydrol., 1998, 30:333～362

[73] Amundsen H, et al. Slow two-phase flow in artificial fractures: Experiments and simulations. Water Resour. Res., 1999, 35(9):2619～2626

[74] 韩冰,叶自桐,周创兵. 岩体裂隙饱和/非饱和渗流机理初步研究. 水科学进展,1999,10(4): 375～381

[75] Tokunaga T K & Wan J. Water film flow along fracture surfaces of porous rock. Water Resour. Res., 1997, 33(6):1287～1295

[76] Tokunaga T K, et al. Transient film flow on rough fracture surfaces. Water Resour. Res., 2000, 36(7):1737～1746

[77] Or D & Tuller M. Flow in unsaturated fractured porous media: Hydraulic conductivity of rough surfaces. Water Resour. Res., 2000, 36(5): 1165

~1177

[78] Rasmussen T C. Steady fluid flow and travel times in partially saturated fractures using a discrete air-water interface. Water Resour. Res., 1991, 27(1):67~76

[79] Ranjith J G, Choi S K & Fourar M. Characterization of two-phase flow in a single rock joint. International Journal of Rock Mechanics & Mining Sciences, 2006, 43: 216~223

[80] Rasmussen T C, et al. Permeability of Apache leap Tuff: Borehole and core measurements using water and air. Water Resour. Res., 1993, 29(7): 1997~2006

[81] Dahan O, et al. A measurement system to determine water flux and solute transport through fractures in the unsaturated zone. Groundwater. 1998, 36(3): 444~449

[82] Dahan O, et al. Field observation of flow in a fracture intersecting unsaturated chalk. Water Resour. Res., 1999, 35(11): 3315~3326

[83] Nativ R E, et al. Water percolation and solute transport through the vadose zone of fractured chalk under desert conditions. Water Resour. Res., 1995, 31(2):253~261

[84] Liu H H, Salve R & Wang J S Y, et al. Field investigation into unsaturated flow and transport in a fault: model analysis. J. Contam. Hydrol, 2004, 74: 39~59

[85] Salve R. Observation of preferential flow during a liquid release experiment in fractured welded tuffs. Water Resour. Res. 2005, 41, W09427. doi:10.1029/2004WR003570

[86] Zhou Q L, et al. Analysis of a mesoscale infiltration and water seepage test in unsaturated fractured rock: Spatial variabilities and discrete fracture patterns. J. Contam. Hydrol, 2006, 87: 96~122

[87] Zhang J F, et al. In situ rainfall infiltration studies at a hillside in Hubei Province, China. Engineering Geology, 2000, 57: 31~38

[88] Dykhuizen R C. Transport of solutes through unsaturated fractured media. Water Res., 1987, 21(12): 1531~1539

[89] 张有天,王镭,陈平. 有地表入渗的岩体渗流分析. 岩石力学与工程学报,

1991,10(2):103～111

[90] 胡云进,速宝玉,仲济刚. 有地表入渗的裂隙岩体渗流数值分析及工程应用. 岩石力学与工程学报,2000,19(增):1019～1022

[91] Liu H H, et al. Modeling flow and transport in unsaturated fractured rock: an evaluation of the continuum approach. Journal of Contaminant Hydrology, 2003, 62－63: 173～188

[92] 戴会超, 朱岳明, 田斌. 三峡船闸高边坡降雨入渗的三维数值仿真. 岩土力学, 2006, 27(5): 749～758

[93] Pruess K, et al. Alternative concepts and approaches for modeling flow and transport in thick unsaturated zones of fractured rocks. J. Contam. Hydrol., 1999, 38:281～322

[94] Long J C S, et al. Porous media equivalents for networks of discontinuous fractures. Water Resour. Res., 1982, 18(3):645～658

[95] Pruess K. TOUGH user's guide. LBL Dep. 20700, Lawrence Berkeley Lab., Berkeley, Calif., 1987

[96] 张有天,刘中. 降雨过程裂隙网络饱和/非饱和、非恒定渗流分析. 岩石力学与工程学报,1997,16(2):104～111

[97] 周庆科, 金峰, 王恩志等. 离散单元法的饱和/非饱和渗流模型及其实验验证. 水力发电学报, 2003, (3): 34～39

[98] 宋晓晨,徐卫亚,邵建富. 使用离散的气－水界面模拟裂隙网络非饱和渗流. 岩石力学与工程学报,2004,23(19):3252～3257

[99] Hoteit H & Firoozabadi A. An efficient numerical model for in compressible two-phase flow in fractured media. Advances in Water Resources, 2008, 31: 891～905

[100] Dershowitz W S, et al. A new three dimensional model for flow in fractured rock. Int. Assoc. Hydrogeol., 1985, 17:441～448

[101] 万力,李定方,李吉庆. 三维裂隙网络的多边形单元渗流模型. 水利水运科学研究,1993,(4):347～353

[102] 陈征宙,方磊,胡伏生等. 岩体节理网络模拟技术研究. 岩土工程学报, 1998,20(1):22～25

[103] Zhang Youtian & Liu Zhong. Study of hydraulic behaviors of fractures in rock by computer. In: Computer Methods and Advances in Geomechanics,

J J Siriwarane & M M Zaman (eds), A. A. BALKEMA, 1994, Ⅱ:1306～1312

[104] 王恩志,王洪涛,孙役. 三维裂隙网络渗流数值模型研究. 工程力学,1997,(增2):520～525

[105] Salam A A & Chrysikopoulos C V. Unsaturated flow in a quasi-three-dimensional fractured medium with spatially variable aperture. Water Resour. Res., 1996, 32(6):1531～1540

[106] Pruess K & Narasimhan T N. A practical method for modeling fluid and heat flow in fractured porous media. Soc. Petrol. Eng. J., 1985, 25:14～26

[107] Wangen M & Halvorsen T. Interaction of a rectangular fracture with the host rock. Water Resour. Res., 1996, 32(12):3611～3616

[108] Zimmerman R W, et al. A new lumped-parameter model for flow in unsaturated dual-porosity media. Advances in Water Resources, 1996, 19(5):317～327

[109] Lagendijk V, et al. A new multi-continuum model for the simulation of unsaturated flow in fractured permeable systems. In: After the rain has fallen, J W Smith(ed.), Memphis, Tennessee, 1998. 27～32

[110] Bandurraga T M & Bodvarsson G S. Calibrating hydrogeologic parameters for the 3-D site-scale unsaturated zone model of Yucca Mountain, Nevada. J. Contam. Hydrol., 1999, 38:25～46

[111] 刘新荣,刘立平,姜德义. 裂隙岩体非饱和渗流问题的研究. 矿业安全与环保,2000,27(6):12～14

[112] Wu Y S, Liu H H & Bodvarsson G S. A triple-continuum approach for modeling flow and transport processes in fractured rock. Journal of Contaminant Hydrology, 2004, 73: 145～179

[113] Walter A I, Debra L H. Stochastic simulations of steady state unsaturated flow in a three-layer, heterogeneous, dual continuum model of fractured rock. Journal of Hydrology, 2005, 307: 17～27

[114] Sarma P, Aziz K. New transfer functions for simulation of naturally fractured reservoirs with dual porosity models, SPE 90231. Proceedings of the SPE Annual Technical Conference and Exhibition, Houston, TX, Sep 26－29, 2004

[115] Rangel-German E R, Kovscek A R. Time-dependent matrix-fracture shape factors for partially and completely immersed fractures. Journal of Petroleum Science and Engineering, 2006, 54: 149～163

[116] Rangel-German E R. Water infiltration in fractured porous media: in-situ imaging, analytical model, and numerical study [D]. Stanford University, 2002

[117] Trivedi J J & Babadagli T. Experimental and numerical modeling of the mass transfer between rock matrix and fracture. ChemicalEngineeringJournal, 2008, doi: 10.1016/j.cej.2008.05.032

[118] Reimus P W, et al. Matrix diffusion coefficients in volcanic rocks at the Nevada test site: Influence of matrix porosity, matrix permeability, and fracture coating minerals. Journal of Contaminant Hydrology, 2007, 93: 85～95

[119] Reis J C and Cil M. Analytical models for capillary imbibition: multidimensional matrix blocks. In Situ, 2000, 24(1): 79～106

[120] Sakaki T. The role of Fracture-matrix interaction in drying of unsaturated fractured rock: experiments and modeling [D]. University of Colorado, 2004

[121] Gallego F, et al. Matrix-to-fracture transfer functions derived from the data of oil recovery, and it's derivative and integral. Journal of Petroleum Science and Engineering, 2007, 59: 183～194

[122] Wu Y S, et al. A physically based approach for modeling multiphase fracture-matrix interaction in fractured porous media. Advances in Water Resources, 2004, 27: 875～887

[123] Clemo T M & Smith L. Solute transport in fractured media: Dual permeability models. EOS, 1989, 70(43):1984～1991

[124] 王洪涛,聂永丰,李雨松. 耦合岩体主干裂隙和网络状裂隙渗流分析及应用. 清华大学学报,1998,38(12):23～26

[125] Nitao J J & Buscheck T A. Infiltration of a liquid front in an unsaturated fractured porous medium. Water Resour. Res., 1991, 27(8):2099～2112

[126] Bodvarsson G S, et al. Yucca Mountain Project. J. Contam. Hydrol., 2003, 62－63: 1～125

[127] Doughty C. Investigation of conceptual and numerical approaches for evaluating moisture, gas, chemical, and heat transport in fractured unsaturated rock. J. Contam. Hydrol., 1999, 38:69～106

[128] 张有天,王镭,陈平. 裂隙岩体渗流的理论和实践. 见:第二届全国岩石力学数值计算及模型试验讨论会文集,上海:同济大学出版社,1990

[129] 胡云进,速宝玉,詹美礼. 小湾电站水垫塘区边坡饱和非饱和渗流分析. 见:刘树坤等主编.《中国水力学2000》. 成都:四川大学出版社,2000

[130] 胡云进,速宝玉,詹美礼. 溪洛渡水垫塘区岸坡雾化雨入渗数值分析. 岩石力学与工程学报,2003,22(8):1291～1296

[131] Wang J S Y & Narasimhan T N. Unsaturated flow in fractured porous media. In: Flow and contaminant transport in fractured media, edited by J Bear, Tsang C F & de Marsily G, 1993

[132] 朱岳明,宋崇能,吴健. 三峡永久船闸高边坡三维饱和—非饱和渗流场分析. 红水河,23(1):14～17

[133] Totsche K U, et al. Preferential flow and aging of NAPL in the unsaturated zone of a hazardous waste site implications for contaminant transport. J. Plant. Nutr. Soil Sci., 2003, 166: 102～110

[134] 王尚庆等著. 长江三峡滑坡监测预报. 北京:地质出版社,1999

[135] 张有天,周维垣等. 岩石高边坡的变形与稳定. 北京:中国水利水电出版社,1999,63～86

[136] 戚国庆. 裂隙岩体非饱和带地下水渗流研究及其在露天矿边坡稳定性评价中的应用(硕士学位论文). 河海大学,2000

[137] Fredlund D G. Slope stability analysis incorporating the effect of soil suction. In: Slope Stability. Anderson M G & Richards (eds). New York: Wiley, 1987. 113～144

[138] Sammori T & Tsuboyama Y. Parametric study on slope stability with numerical simulation in consideration of seepage process. In: Proc. 6th, Int. Symp. on Landslide. Bell (ed.). Rotterdam: Balkema, 1991. 539～544

[139] Shimada K, et al. Stability of unsaturated slopes considering changes of matric suction. Unsaturated Soils, 1995. 1, 293～299

[140] Sun Y, et al. A study on stability analysis of shallow layer slope due to raining permeation. In: Unsaturated Soils, 1995. 1, 315～320

[141] Ng C W W & Shi Q. A numerical investigation of the stability of unsaturated soil slopes subjected to transient seepage. Computers and Geotechnics, 1998, 22(1):1～28

[142] Gasmo J M, et al. Infiltration effects on stability of a residual soil slope. Computers and Geotechnics, 2000, 26:145～165

[143] Wilkinson P L, Anderson M G & Lloyd D M. An integrated hydrological model for rain-induced landslide prediction. Earth Surf. Process. Landforms, 2002, 27:1285～1297

[144] 韦立德,杨春和,徐卫亚等. 考虑饱和—非饱和渗流场和应力场耦合的三维强度折减有限元程序研制. 水文地质工程地质,2006,(3):16～20

[145] 米勒 J. 岩石力学. 李世平等译. 北京:煤炭工业出版社,1981

[146] Brand E W, et al. Relationship between rainfall and landslide in Hong Kong. In: Proceedings of the 4th Symposium on Landslides. Rotterdam: A. A. Balkema Publisher, 1984:377～384

[147] Kay J N. Rainfall-landslide relationship update. In: Slope Engineering in Hong Kong. Rotterdam: A. A. Balkema Publisher, 1998:83～85

[148] 李晓. 重庆地区的强降雨过程与地质灾害的相关分析. 中国地质灾害与防治学报,1996,6(3):39～41

[149] 薛果夫等. 新滩滑坡研究. 见:中国典型滑坡,北京:科学出版社,1988,200～210

[150] 陈英放,孙再南. 大冶铁矿象鼻山北帮边坡变形破坏及滑坡预报. 见:中国典型滑坡,北京:科学出版社,1988,167～171

[151] 曲焰. 武都滑坡发生发展及其预测. 见:中国典型滑坡,北京:科学出版社,1988,355～360

[152] Morgenstern N R. The influence of groundwater on stability. In: Proceedings of the 1st Symposium on Stability of Open Pit Mining, Vancouver, 1970. Published by AIME, New York, 1971

[153] 张有天. 岩石水力学与工程. 北京:中国水利水电出版社,2005

[154] Adachi T, et al. Soil-water coupling analysis of progressive failure of cut slope using a strain softening model. In: Proceedings of International Conference on Slope Stability Engineering (Vol. 1), Matsuyama, Japan, Balkema, 1999:333～338

[155] 孙役，王恩志，黄远智. 暴雨入渗下裂隙岩体边坡渗流及稳定分析. 水利水电技术，1999，30(5)：38～40

[156] 罗先启等. 降雨入渗下滑坡灾害及滑坡排水效果研究. 岩土力学，2000，21(3)：231～234

[157] 宋晓晨，徐卫亚，邵建富等. 雾雨作用下的非饱和边坡稳定性研究. 河海大学学报，2002，30(6)：16～20

[158] 陈有亮，徐梁. 水与岩体的耦合作用及其对高边坡稳定性的影响. 上海大学学报，2002，8(3)：273～277

[159] 胡云进，速宝玉，周维垣. 有地表入渗的岩坡稳定性分析. 岩石力学与工程学报，2003，22(7)：1112～1116

[160] 王恩志，孙役，邓旭东. 单裂隙非饱和渗透荷载分布规律. 清华大学学报，2000，40(4)：70～72

[161] 汪金元，孙役，陈润发. 降雨入渗下的三维正交裂隙网络饱和—非饱和渗流实验研究. 岩石力学与工程学报，2001，20(增)：1717～1720

[162] Stead D & Coggan J. Advanced numerical techniques in rock slope stability analysis applications and limitations. LANDSLIDES-Causes, Impacts and Countermeasures, 2001, 615～624

[163] J 贝尔著. 多孔介质流体动力学. 张朝琛等译. 北京：中国建筑工业出版社，1983

[164] A E 薛定谔. 多孔介质中的渗流物理. 王鸿勋等译. 北京：石油工业出版社，1982

[165] 谢森传，沈言琍. 马利奥特(Mariotte)瓶装置的改进及应用. 水文地质工程地质，1985，12(2)：18～19

[166] 胡云进，速宝玉，仲济刚. 裂隙非饱和渗流试验中毛细隔栅的选择及率定. 河海大学学报，2000，28(6)：103～106

[167] 戴昌晖. 流体流动测量. 北京：高等教育出版社，1985

[168] 张善锺等. 直线度平面度测量技术. 北京：中国计量出版社，1997

[169] 俞汉清. 表面粗糙度标准及应用. 北京：中国计量出版社，1997

[170] 程传煊. 表面物理化学. 北京：科学技术文献出版社，1995

[171] F. A. L. Dullien著. 多孔介质—流体渗移与孔隙结构. 杨富民，黎用启译. 北京：石油工业出版社，1990

[172] Merayyan S M. Evaluation of the unsaturated hydraulic functions of com-

pacted landfill clay liners: Impact on the predicted leakage rates. Ph. D. thesis, Wayne State University, Michigan, 2001

[173] Zhang Youtian & Liu Zhong. Hydaulic behavior of rock fracture analyzed by using fractal. In: Application of computer methods in rock mechanics, Xian:Shanxi Science and Technology Press, 1993, 427～434

[174] 周创兵,熊文林. 不连续面的分形维数及其在渗流分析中的应用. 水文地质工程地质,1996, 23(6):1～5

[175] Feder J. Fractals. New Yorks:Plenum press. 1988

[176] 张济忠. 分形. 北京:清华大学出版社,1995

[177] Capasso G, et al. The influence of normal load on the hydraulic behavior of rock fractures. In: Vonille G & Berest P (eds), The 9th international congress on rock mechanics. Rotterdam:Balkama. 1999

[178] Barnsley M F, et al. The science of fractal images. New York: Springer-Verlag. 1988, 96～101

[179] 屈世显,张建华. 复杂系统的分形理论与应用. 西安:陕西人民出版社,1996

[180] Lee Y H, et al. The fractal dimension as a measure of the roughness of rock discontinuity profiles. Int. J. Rock Mech. Min. Sci., 1990, 27(6): 453～464

[181] 黄运飞,冯静. 计算工程地质学. 北京:兵器工业出版社,1992

[182] 徐钟济. 蒙特卡罗方法. 上海:上海科学技术出版社,1985

[183] 陈卫忠等. 粘土岩饱和一非饱和渗流机理研究. 岩石力学与工程学报, 2004, 23(21): 3689－3694

[184] 黄远智,王恩志,韩小妹. 低渗透岩石非饱和非 Darcy 渗流机理. 清华大学学报, 2005, 45(9): 1202－1205

[185] Jaeger C. Rock Mechanics and Engineering. Second Edition. Cambridge University Press, 1979

[186] 孙健. 非饱和土土水特性曲线及导水系数测量方法研究(硕士学位论文). 大连理工大学,2001

[187] Feddes R A, E Bresler, and S P Neuman. Field test of a modified numerical model for water uptake by root system. Water Resour. Res., 1974, 10 (5):1199～1206

[188] 刘蕴华,张乃良. 数学物理方程及其应用. 南京:河海大学出版社,1994

[189] 毛昶熙等. 渗流数值计算与程序应用. 南京:河海大学出版社,1999

[190] 速宝玉,詹美礼,胡云进等. 小湾电站坝基岸坡降雨入渗及渗流控制优化计算分析研究(九.五攻关报告). 河海大学,1999

[191] 张蔚榛. 地下水与土壤水动力学. 北京:中国水利出版社,1996

[192] 焦李成. 神经网络系统理论. 西安:西安电子科技大学出版社,1996

[193] 张天宝. 土坡稳定分析和土工建筑物的边坡设计. 成都:成都科技大学出版社,1987

[194] 毛昶熙. 渗流计算分析与控制. 北京:水利电力出版社,1990

[195] 中华人民共和国水利电力部《水工建筑物抗震设计规范 SDJ10－78(试行)》. 北京:水利电力出版社,1979

[196] 钱家欢,殷宗泽. 土工原理与计算. 北京:中国水利水电出版社,1996

[197] 李玉生. 鸡扒子滑坡－长江三峡地区老滑坡复活的一个实例. 见:中国典型滑坡,北京:科学出版社,1988,323～328

[198] 华东水利学院,成都科学技术大学合编. 岩石力学. 北京:水利电力出版社,1986

[199] 张家发,李思慎,叶自桐. 高边坡山体饱和非饱和渗流场的初步分析. 人民长江,1998,29(1):44～47

[200] 速宝玉,詹美礼等. 小湾电站坝基地下厂房洞室群三维渗流控制优化分析研究(九.五攻关报告),河海大学,1999 年 11 月

[201] 张家发等. 三峡永久船闸高边坡岩体强风化带人工降雨入渗试验研究报告. 长江科学院,1998 年 6 月

[202] 张家发等. 三峡工程永久船闸高边坡降雨入渗实验研究. 岩石力学与工程学报,1999,18(2):137～141

[203] Fredlund D G, et al. Predicting the permeability function for unsaturated soils using the soil-water characteristic curve. Canadian Geotechnical Journal, 1994, 34:533～546

[204] 陈惠玲,黄国情. 溪洛渡水电站枢纽泄洪雾化物理模型试验报告. 南京水利科学研究院水工研究所,2000.2

[205] 金沙江溪洛渡水电站可行性研究中间报告——第三篇 工程地质. 电力工业部成都勘测设计研究院,1998.1

[206] 金沙江溪洛渡水电站坝线与防渗帷幕线的渗透系数及计算分区,国家电力公司成都勘测设计研究院水工二处,2001.1

[207] 梁杏等. 金沙江溪洛渡水电站坝区水文地质条件及其工程影响研究(中期报告). 中国地质大学(武汉)工程学院,2000.8

[208] 速宝玉,盛金昌等. 溪洛渡厂坝区大型三维渗控优化计算分析. 河海大学,2001.6

[209] 金沙江溪洛渡水电站坝区岩体层间层内错动带现场渗透及物理性质试验研究报告,国家电力公司成都勘测设计研究院科学研究所,2000.1

[210] 溪洛渡坝肩稳定分析地质资料,国家电力公司成都勘测设计研究院水工二处,2000.6

[211] Acuna J A & Yortsos Y C. Application of fractal geometry to the study of networks of fractures and their pressure transient. Water Resour. Res., 1995, 31(3):527～540